网络安全等级保护与关键信息基础设施安全保护系列丛书

U0150000

网络安全等级保护
安全设计技术要求
（通用要求部分）应用指南

郭启全　主编
祝国邦　范春玲　李秋香　刘志宇　等编著

电子工业出版社
Publishing House of Electronics Industry
北京·BEIJING

内 容 简 介

本书详细解读《信息安全技术 网络安全等级保护安全设计技术要求》（GB/T 25070—2019）中的通用要求部分，按照理论指导实践的原则，针对标准的具体内容，从安全需求分析、框架设计、标准解读、安全设计技术、安全性评估等方面对标准设计原则、思想及具体的安全条款进行剖析，并给出一些经典案例。

本书可供需要依据《信息安全技术 网络安全等级保护安全设计技术要求》开展信息系统安全设计的政府及企事业单位、系统运营使用单位、网络安全企业、网络安全服务机构等相关单位的 IT 从业人员和专业人士，需要对网络安全等级保护相关标准进行研究的相关科研机构、教育机构的专业人员和学生，以及需要了解网络安全等级保护安全设计技术要求的相关开发及架构设计人员阅读。

图书在版编目（CIP）数据

网络安全等级保护安全设计技术要求（通用要求部分）应用指南 / 郭启全主编；祝国邦等编著. —北京：电子工业出版社，2024.4

（网络安全等级保护与关键信息基础设施安全保护系列丛书）

ISBN 978-7-121-47394-4

Ⅰ. ①网… Ⅱ. ①郭… ②祝… Ⅲ. ①计算机网络－网络安全－指南 Ⅳ. ①TP393.08-62

中国国家版本馆 CIP 数据核字（2024）第 048723 号

责任编辑：潘　昕　　　　　　特约编辑：田学清
印　　刷：三河市君旺印务有限公司
装　　订：三河市君旺印务有限公司
出版发行：电子工业出版社
　　　　　北京市海淀区万寿路 173 信箱　　邮编 100036
开　　本：787×980　 1/16　 印张：14.5　　字数：273 千字
版　　次：2024 年 4 月第 1 版
印　　次：2025 年 3 月第 2 次印刷
定　　价：105.00 元

前　　言

《中华人民共和国网络安全法》（以下简称《网络安全法》）已于2017年6月1日正式施行，该法明确规定国家实行网络安全等级保护制度，对关键信息基础设施在网络安全等级保护制度的基础上实行重点保护。网络安全等级保护制度是我国开展网络安全工作的基本制度、基本策略和基本方法，是我国网络安全工作实践和经验的总结，是促进信息化健康发展，以及维护国家安全、社会秩序和公共利益的根本保障。

随着云计算、移动互联、物联网、工业控制系统和大数据等新技术、新应用的广泛应用和深度发展，为适应当前不断变化的网络安全形势，网络安全等级保护的政策、标准也在不断发展和演进，自2019年12月1日，《信息安全技术　网络安全等级保护安全设计技术要求》（GB/T 25070—2019）（以下简称《设计要求》）、《信息安全技术　网络安全等级保护基本要求》（GB/T 22239—2019）（以下简称《基本要求》）和《信息安全技术　网络安全等级保护测评要求》（GB/T 28448—2019）等国家标准正式实施，标志着我国网络安全等级保护工作进入了一个新的发展阶段，对当前及今后我国的网络安全工作具有重要意义。

《设计要求》作为网络安全等级保护系列标准的核心组成部分，规定了网络安全等级保护第一级到第四级等级保护对象的安全设计技术要求，为云计算、移动互联、物联网、工业控制系统、大数据，以及传统信息系统的安全设计提供了方法论。为进一步加强指导，特编制了本应用指南，通过落实"一个中心、三重防护"的安全设计技术要求，进一步明确网络安全等级保护**"主动防御、动态防御、纵深防御、安全可信、整体防控、精准防护、联防联控"**等安全设计原则和思想，解读网络安全等级保护第一级至第四级等级保护对象的安全设计技术要求，同时对相应的安全设计技术要求进行说明，强化可信计算、集中管控等方面的技术指导和深度应用，指导等级保护对象运营使用单位、网络安全企业、网络安全服务机构开展网络安全等级保护安全技术方案的设计和实施。

本书纳入网络安全等级保护与关键信息基础设施安全保护系列丛书。丛书包括：

- 《〈关键信息基础设施安全保护条例〉〈数据安全法〉和网络安全等级保护制度解读与实施》

- 《网络安全保护平台建设应用与挂图作战》
- 《网络安全等级保护基本要求（通用要求部分）应用指南》
- 《网络安全等级保护基本要求（扩展要求部分）应用指南》
- 《网络安全等级保护安全设计技术要求（通用要求部分）应用指南》（本书）
- 《网络安全等级保护安全设计技术要求（扩展要求部分）应用指南》
- 《网络安全等级保护测评要求（通用要求部分）应用指南》
- 《网络安全等级保护测评要求（扩展要求部分）应用指南》

本书共分为七章，第1章明确了网络安全等级保护安全技术方案设计过程中的"主动防御、动态防御、纵深防御、安全可信、整体防控、精准防护、联防联控"原则，提出了"可信、可控及可管"的安全设计策略；其余章节重点对《设计要求》中的通用要求进行解读，在每个章节中按照理论指导实践的原则，针对标准中的具体内容，从安全需求分析、安全架构设计、通用安全设计技术要求应用解读、安全设计关键技术、安全效果评价及通用安全设计案例等方面对标准设计原则、思想和具体的安全条款进行剖析解读。

本书的阅读和使用对象包括：需要依据《设计要求》开展信息系统安全设计的政府及企事业单位、系统运营使用单位、网络安全企业、网络安全服务机构等相关单位的 IT 从业人员和专业人士；需要对网络安全等级保护相关标准进行研究的相关科研机构、教育机构的专业人员和学生；需要了解《设计要求》的相关开发及架构设计人员。

本书的主编是郭启全，主要作者有祝国邦、范春玲、李秋香、刘志宇、蒋勇、陆磊、宫月、陈翠云、黄学臻、陈彦如、刘卜瑜、赵勇、杨帆帆、伊玮珑、杨洪起、贾楠、马闽。祝国邦、范春玲、蒋勇审校了全书。公安部第一研究所、北京工业大学、深信服科技股份有限公司、新华三技术有限公司、启明星辰信息技术集团股份有限公司等单位为本书的编写提供了支持和帮助。

由于编者水平有限，书中难免有不足之处，敬请广大读者提出宝贵意见和修改建议。

作　者

目　　录

第1章 概述

《网络安全法》正式施行后，网络安全等级保护制度已逐渐成为落实《网络安全法》的重要抓手。针对如何践行最新的网络安全等级保护标准，使网络安全发展满足网络安全等级保护新的要求，适应现阶段网络安全的新形势、新变化及新技术、新应用的发展，以及如何把等级保护的思想和方法有效地用于这些新技术应用信息系统的安全保护，本章从《设计要求》的主要变化、安全防护技术体系的设计原则、安全防护技术体系的设计策略及安全防护技术体系的设计过程等方面进行总体介绍，指导运营使用单位、网络安全企业、网络安全服务机构有效开展等级保护安全技术方案的设计和实施。

1.1 《设计要求》的主要变化

1. 安全能力要求的变化

《设计要求》在安全能力要求方面强调变被动防御为主动防御、变单点防御为全局防御、变静态防御为动态防御、变粗放粒度防御为精准粒度防御；实时构建弹性防御体系，对拟发生的网络安全攻击进行全局分析和基于安全防护策略的实时、动态调整，实现精准、及时的预警，以期最大限度地避免、降低信息系统所面临的风险。

2. 保护对象范围的变化

《设计要求》除传统信息系统外，还将云计算、移动互联、物联网、工业控制系统和大数据等新技术应用列入标准范围，构成了"安全通用要求+安全扩展要求"的标准内容。一方面将传统计算机信息系统之外的新型网络系统涵盖进来，另一方面增强了新标准的灵活性和可扩展性。随着 5G 网络、人工智能等新技术的不断涌现，等级保护对象的范围将不断拓展。

3. 安全防护机制的变化

《设计要求》在安全防护机制方面，一方面强化了可信验证技术使用的要求，把可信验证列入各个级别并逐级提出各个环节的主要功能要求；另一方面提出了集中管控的理念，对整体网络和信息系统的安全策略及安全计算环境、安全区域边界、安全通信网络中的安全机制等实施统一管理，实现对网络链路、网络设备和安全设备等运行状况的集中监测，对审计数据进行收集和集中分析，对安全策略、恶意代码、补丁升级等安全事项进行集中管理，对网络中发生的各类安全事件进行集中识别、报警和分析。

1.2　安全防护技术体系的设计原则

1. 主动防御原则

主动防御是一种阻止恶意攻击和恶意程序执行的技术，即在入侵行为对网络和信息系统发生影响之前，能够及时、精准预警，实时构建弹性防御体系，避免或降低网络和信息系统面临的风险。进行主动防御需要对所防护的信息资产有清晰的了解和认知，尤其对信息资产所面临的风险有全面量化的分析，对于内、外部的网络威胁有完备的情报监控和预警机制；基于威胁和风险制定主动防御策略和构建主动防御体系，对于未知威胁和风险，建立类似蜜罐和沙箱等诱捕类的发现和识别系统。主动防御的核心是因威胁和风险而动，而非因事件而动。针对各种攻击行为，不断建设、完善网络安全防护体系，变被动为主动，在网络安全建设中有的放矢，实现有效防护。

2. 动态防御原则

动态防御的核心是基于安全策略的动态调整和联动，主要体现在相关产品的"协同作战"上，即防护、检测、响应相结合，以实现对网络和信息系统的联动及整体防护。现阶段较成熟的动态防御措施是将防火墙、入侵检测、病毒防护和其他安全手段进行互动与联合。比如，入侵检测系统在检测到网络受到攻击之后，会立即启动互动程序，及时通知防火墙做出响应，修改相关安全策略来封堵攻击源；防病毒系统对网络中传输的文件进行监控，一旦发现异常信息会自动告知防火墙重新进行动态安全设置。这种联动包括多种方式，如入侵检测和防火墙的联动可以有效阻止外部入侵或攻击、入侵检测和内部监控系统的联动可以有效控制恶意用户等。从信息安全整体防控的角度出发，这种联动是很有必要的。

3. 纵深防御原则

纵深防御是从网络全局视角构建整体的网络安全防御体系，过度强调任何单一的安全防御都不能最大限度地确保整体网络的安全性，恶意攻击者可能通过其他安全防护薄弱的环节进入并危害网络。纵深防御的实质是采用多层防御的理念，从数据层面、应用层面、服务器层面、网络层面及网络边界构筑多道防线，恶意攻击者必须突破所有防线才能接触核心数据资产，使得攻击成本大大提高。经过长时间的实践证明，纵深防御是目前最行之有效的网络安全防御体系之一。

纵深防御需要避免有纵深无防御，即纵深设计和边界设计完善但防御体系缺失的问题，尤其在云计算、物联网和大数据平台内部，更需要践行纵深防御体系理念。

4. 安全可信原则

安全可信原则即通过构建可信网络协议和设计可信网络设备实现网络终端的可信接入。可信计算技术需要从全网的各个层面进行安全增强，提供更加完善的安全防护功能。可信计算包含从硬件到软件、从操作系统到应用程序、从单个芯片到整个网络、从设计过程到运行环境的所有组成部分。

安全可信涉及信息系统的各个层面，包括信息资产、平台、操作系统、应用软件、硬件和芯片。在全网构建可信架构体系，需要建立可信根、可信计算环境和可信认证体系。

5. 整体防控原则

建立健全网络安全整体防控体系是控制和降低网络安全攻击的有效保障。网络安全整体防控体系设计涵盖网络安全技术和网络安全管理两大方面，目的是抵御恶意攻击者进行网络入侵、信息窃取、数据篡改等危害网络安全的活动。技术上通过建设网络入侵检测、分析、告警体系，网络脆弱性检测体系，病毒和垃圾邮件防范体系，访问控制体系及安全审计体系等，管理上一方面通过加强网络安全监督检查机制来规范网络安全管理日常工作，定期开展对网络接入单位、第三方安全服务机构安全事项的审查，另一方面增强自身的安全管理能力，定期对网络安全策略、制度进行审核、修订和发布，并组织开展安全教育培训等活动，同时加强协同管理能力，组织社会各界力量，建立网络安全应急响应联动体系，达到网络安全工作的"群防群治"效果。

整体防控的核心是一体化安全管控思想，针对安全管理、技术和流程建立完整的安全防控体系，做到安全风险与安全管理制度呼应、制度和安全防御系统策略匹配、防御技术措施与安全运维流程配套，实现人、技术和流程的协调统一。

6. 精准防护原则

精准防护原则主要体现在既有安全策略的优化调整方面，对重点保护的网络资产的安全防护策略进行细化，如将访问控制策略限制到特定的端口或服务，其他端口或服务的访问流量将被拒绝。

安全管理中心是目前实现精准防护的最佳实践。目前业界较为成熟的安全管理中心均集成了日志采集器、数据库、大容量存储、日志分析、审计、报表等功能部件，可对所有安全设备进行集中管理和精细化安全策略统一下发，这样有利于网络安全措施的快速部署、全面了解设备的运维信息。对来自网络、安全等设施的安全信息与事件进行分析、关联，聚类常见的安全问题，过滤重复信息，发现隐藏的安全问题，使管理员能够轻松了解突发事件的起因、发生位置、被攻击设备和端口，并能根据预先制定的策略做出快速响应，保障网络安全。

7. 联防联控原则

网络和信息系统的复杂化导致新的网络安全攻击方法不断涌现，这就使得单一功能的安全产品已经无法满足网络安全需求。多种安全技术或产品的相互结合、相互联动成为目前网络安全防护的主要发展方向。联防联控主要通过对入侵检测子系统、访问控制子系统、病毒防范子系统、安全接入认证子系统等进行统一管理和策略下发，来实现各子系统安全告警日志的集中收集和关联分析，从而最大限度地还原网络攻击者的攻击方法和路径，降低安全事件的误报和漏报。

联防联控的核心是将多种防护系统的安全策略进行高效组合，形成跨系统的防护策略组，做到防守区域明确、防御责任明确、无风险盲区和遗漏点。

1.3　安全防护技术体系的设计策略

1. 变被动防御为主动防御，构建安全可信网络

网络安全主动防御就是在增强和保证网络安全的同时，及时发现正在进行的网络攻击，预测和识别未知的入侵，并采取措施使攻击者无法达成目的。这是一种前摄性防御，可使网络系统在无须被动响应的情况下，预防网络安全事件的发生。相较于网络安全被动防御，网络安全主动防御具有较大优势：一是可以及时智能检测未知攻击，从根本上改变

过去防御措施落后于攻击手段的被动局面；二是具有自主学习能力，能够实时对网络防御系统进行动态加固；三是能够对检测到的网络攻击进行实时响应，对网络攻击技术进行分析、取证，对攻击者进行跟踪甚至反击。

以安全准入控制技术为基础，通过对接入网络的各类设备进行识别、过滤、阻断，确保接入设备的合法性和安全性。通过可信认证技术构建一个可信的业务系统执行环境，即用户、平台、程序都是可信的，确保用户无法被冒充、病毒无法执行、入侵行为无法成功。可信的业务系统执行环境保证业务系统永远都按照预期设计的方式执行，不会出现非预期的流程，从而保障了业务系统的安全可信。与此同时，对运行中的设备进行实时监控，利用感知发现技术，及时、主动地发现网络中伪冒、入侵、异常的设备，保障整体网络的安全可信运行。从技术角度来看，主动防御技术包括两种。一种是陷阱技术，包括蜜罐技术和蜜网技术。蜜罐技术本质上是一种对攻击方进行欺骗的技术，通过布置一些作为诱饵的主机、网络服务或信息，诱使攻击方对它们实施攻击，以便对攻击行为进行捕获和分析，了解攻击方使用的工具与方法，推测攻击意图和动机，从而让防御方清晰地了解他们所面临的安全威胁，并通过技术和管理手段增强实际系统的安全防护能力。蜜网是一个网络系统，而非某台单一主机，这一网络系统隐藏在防火墙后面，所有进出的资料都受到监控、捕获及控制。另一种是取证技术，包括静态取证技术和动态取证技术。静态取证技术也可以称为事后取证技术，主要涉及软硬件恢复技术、数据恢复技术及数据格式分析检索技术等。动态取证技术主要是通过网络取证的，涉及网络数据抓取分析技术、海量数据与协议分析技术及软件功能分析技术等。

以主机侧的主动防御为例，主动防御技术主要包括三层：资源访问控制层、资源访问扫描层和行为分析层，具体如图 1-1 所示。

第一层：资源访问控制层（HIPS）。通过对系统资源（注册表、文件、特定系统 API 的调用、进程启动）等进行规则化控制，阻止恶意程序对这些资源的使用，抵御未知病毒、木马病毒的攻击。

第二层：资源访问扫描层（传统监控）。通过监控对一些资源（如文件、引导区、邮件、脚本）进行访问，并对拦截的上下文内容（文件内存、引导区内容等）进行威胁扫描识别，处理已经经过分析的恶意代码。

第三层：行为分析层（危险行为判定）。行为分析层自动收集从前两层传上来的进程动作及特征信息，对其进行加工判断。安全专家经过对数十万种病毒的危险行为进行分析、提炼，设计出全新的主动防御智能恶意行为判定引擎。无须用户参与，该层可以自动识别具有有害动作的未知病毒、木马病毒、后门等恶意程序。

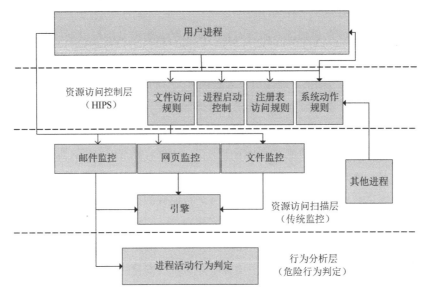

图 1-1　主动防御层次结构图

2. 变静态防御为动态防御，构建安全可控网络

相对于静态防御，动态防御系统的系统监控具有更加安全、更加准确和更加灵敏的特性。图 1-2 所示为一种随机变化的动态防御系统框架，该防御系统会形成随机适配。形成随机适配的关键是"逻辑任务模型"，该模型按网络的功能需求捕获"物理网络"当前状态的概貌。其驱动器就是"适配引擎"，它以随机的时间间隔定制网络配置的随机变化。变化由"配置管理器"实施，它负责控制"物理网络"的配置。"适配引擎"对"物理网络"输入随机变化参数，使网络状态随机变化。"分析引擎"能够从"物理网络"获取实时事件，从"配置管理器"获取当前的配置，确定可能的脆弱性和正在进行的攻击。"适配引擎"的扩展功能是观察网络的当前状态及安全状态，它由两个运行时间模型组成：一个是目标模型、一个是系统脆弱性模型。

网络安全态势感知技术是实现网络安全动态防御的有效手段之一。网络安全态势感知系统主要包括数据采集层、数据处理层、数据存储层、数据服务接口、数据分析层、数据应用层、数据展示和告警层、安全管理层，如图 1-3 所示。

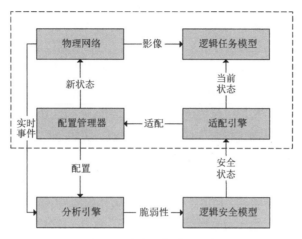

图 1-2 动态防御系统框架

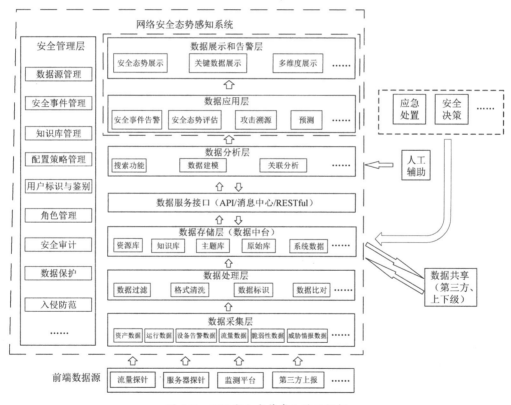

图 1-3 网络安全态势感知系统框架

数据采集层主要关注的是系统支持的采集方式、前端采集源管理和数据源类型等,采集的数据包括资产数据、运行数据、设备告警数据、流量数据、脆弱性数据和威胁情报数据等；数据处理层关注的是如何处理采集到的数据，包括数据过滤、格式清洗、数据标识、数据比对等；数据存储层关注的是存储的数据类型、支持的存储格式，将数据按照资源库、知识库、主题库、原始库及系统数据等进行分类存储；数据服务接口关注的是支持的数据服务接口及格式；数据分析层关注的是系统具备的数据分析能力，提供搜索功能，进行数据建模和关联分析等，从而进行安全事件辨别、定级、关联分析等；数据应用层主要提供安全事件告警、安全态势评估、攻击溯源及预测等功能；数据展示和告警层关注的是安全态势展示、关键数据展示、多维度展示等；安全管理层关注的是系统的安全管理要求，包括数据源管理、安全事件管理、知识库管理、配置策略管理、用户标识与鉴别、角色管理、安全审计、数据保护及入侵防范等自身安全的要求。利用系统结果进行决策和处置及数据共享是构建网络安全态势感知系统的关键环节。

3. 实施多层防御，构建网络安全纵深防御体系

任何安全措施都不是绝对安全可靠的，为保障攻破一层或一类保护防线的攻击行为不破坏整个网络，以达到纵深防御的安全目标，需要合理划分安全域，综合采用多种有效、安全的保护措施，实施多层、多重保护。网络安全纵深防御体系框架如图 1-4 所示。

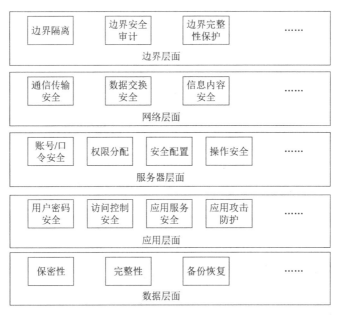

图 1-4   网络安全纵深防御体系框架

边界防护是实现网络安全纵深防御的重要手段之一，通常是通过防火墙实现的。网络层面的安全措施主要包括通信传输安全、数据交换安全、信息内容安全等。服务器层面的安全主要涉及账号、口令安全，（用户）权限分配，（服务器）安全配置，操作安全（对用户的操作行为进行限制与审计）。应用层面的安全主要包括用户、密码安全，访问控制安全，应用服务安全，应用攻击防护（如 Web 攻击防护）。数据层面的安全主要包括保密性（通过加密等机制实现数据的保密性保护），完整性（通过密码技术或校验机制保证数据的完整性），备份恢复（数据的备份恢复）等。

4. 实施精准安全防御策略，构建安全可管网络

通过构建集中管控、最小权限管理与三权分立的管理平台帮助管理员进行安全策略管理，从法律、制度、标准、技术等层面构建以人、技术、制度流程为核心的安全保障可管体系，通过对网络基础设施进行全面的安全监测、预警分析，快速实现安全问题可管理、可控制、可度量、可治理、可预防，从而保证信息系统的安全可管。

通过访问控制技术实现主体对客体的细粒度受控访问，保证所有的访问行为均在可控范围之内进行，在防范内部攻击的同时有效防止从外部发起的攻击行为。对用户访问权限的控制可以确保系统中的用户不会出现越权操作，始终按系统设计的策略进行资源访问，保证系统网络的安全、可控。

从业务应用角度构建可信、可控和可管的技术措施，涉及各级网络相关的网络设备、终端、服务器、应用系统、数据库等。区域遵循满足业务发展、适度防护的原则，采用边界安全接入、入侵检测、网络审计、漏洞扫描、防病毒、日志审计、系统加固等安全技术措施进行安全防护，层层防御，多级联动，确保业务安全可用、策略安全可控。

5. 强化可信计算技术，构建主动免疫的网络安全体系

可信计算技术通过在计算机中嵌入可信平台模块硬件设备，提供加密信息硬件保护存储功能；通过给计算机运行相关组件（BIOS、操作系统装载程序、操作系统等）添加完整性度量机制，建立系统的信任链传递机制；通过在操作系统中加入底层软件，提供给上层应用程序调用可信计算服务的接口；通过构建可信网络协议和设计可信网络设备实现网络终端的可信接入。由此可见，可信计算技术是从网络和信息系统的各个层面进行安全增强，提供更加完善的安全防护功能的。可信计算技术的应用范畴包含从硬件到软件、从操作系统到应用程序、从单个芯片到整个网络、从设计过程到运行环境。

可信安全管理中心支持下的主动免疫三重防护框架如图 1-5 所示。

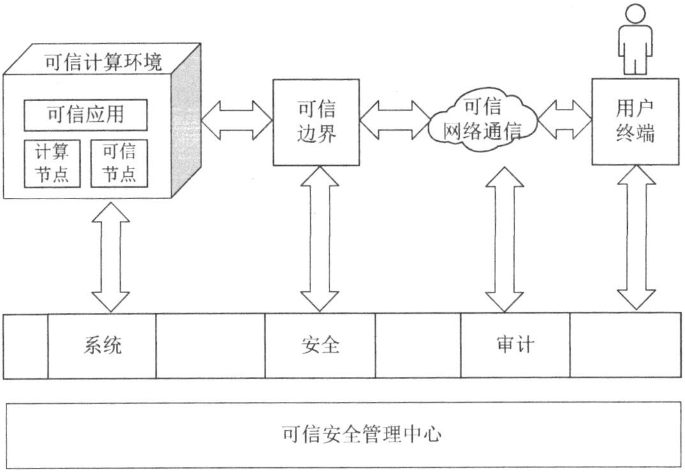

图 1-5　可信安全管理中心支持下的主动免疫三重防护框架

6. 技管并施，构建网络安全整体防控体系

技术和管理是构建网络安全整体防控体系的两个重要因素，它们相互补充又相互依存，缺一不可。网络攻击技术在信息技术快速发展的大背景下不断更新，形成了新的发展趋势，对网络和信息系统的安全造成了很大的威胁。因此，网络运营者要根据其发展趋势及不同的网络攻击行为，给出相应的防范措施，避免网络系统受到攻击。网络运营者应通过积极引入新的技术与管理方法，技管并施，形成适应自身网络的安全解决方案，营造出一个安全的网络环境。

技术主要包括但不限于网络传输加密技术、防火墙技术、虚拟专用网技术、入侵检测与防御技术等；管理主要包括但不限于人员安全管理、网络安全管理、系统安全管理、数据备份管理、应急响应管理等。

1.4　安全防护技术体系的设计过程

安全防护技术体系的设计过程如图 1-6 所示，主要包括安全需求分析、安全架构设计、详细安全设计和安全效果评价四个子过程。

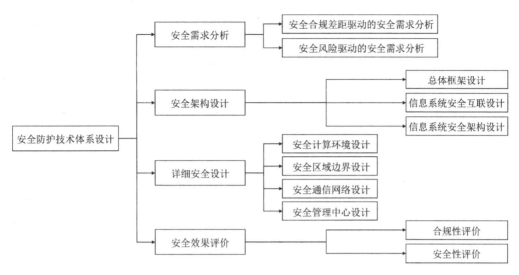

图 1-6　安全防护技术体系设计过程图

安全需求分析子过程主要包括安全合规差距驱动的安全需求分析和安全风险驱动的安全需求分析两部分内容。安全合规差距驱动的安全需求分析是根据等级保护对象的定级情况，结合《基本要求》，通过访谈、核查和测试等技术手段，查验定级对象与网络安全等级保护相关要求的差距的。依据《设计要求》，在安全防护技术体系设计过程中重点对安全计算环境、安全区域边界、安全通信网络和安全管理中心等方面进行安全合规差距驱动的安全需求分析。安全风险驱动的安全需求分析是依据相关标准，通过调查、访谈和技术检测等多种方式，对风险要素进行数据采集，采用定量与定性相结合的方法对采集的数据进行综合风险分析，并形成风险分析结果的过程。

安全架构设计子过程主要包括总体框架设计、信息系统安全互联设计和信息系统安全架构设计三部分内容。安全架构设计要根据技术与管理要求进行，同时根据不同级别具体的设计技术要求设计本级系统安全保护环境建设模型，包括安全物理环境、安全区域边界、安全通信网络、安全计算环境、安全管理中心及管理要求。安全架构设计的核心内容是对网络进行全方位的安全防护，这并不意味着对整个系统进行同一等级的保护，而是针对系统内部的不同业务区域进行不同等级的保护。因此，安全域划分是进行网络安全等级保护设计的首要步骤，需要合理地划分网络安全域，针对各自的特点采取不同的技术及管理手段，从而构建一整套有针对性的安全防护体系。其中，选择安全措施的主要依据是网络安全等级保护的相关要求。

　　详细安全设计子过程主要包括安全计算环境设计、安全区域边界设计、安全通信网络设计和安全管理中心设计等内容。其中，安全计算环境设计内容包括用户身份鉴别、自主访问控制、标记和强制访问控制、系统安全审计、用户数据完整性保护、用户数据保密性保护、数据备份恢复、客体安全重用、可信验证、配置可信检查、入侵检测和恶意代码防范等方面；安全区域边界设计内容包括区域边界访问控制、区域边界包过滤、区域边界安全审计、区域边界恶意代码防范、区域边界完整性保护和可信验证等方面；安全通信网络设计内容包括通信网络安全审计、通信网络数据传输完整性保护、通信网络数据传输保密性保护和可信连接验证等方面；安全管理中心是纵深防御体系的"大脑"，通过安全管理中心设计实现技术层面的系统管理、审计管理和安全管理，同时通过安全管理中心实现整个安全保护环境的集中管控。安全管理中心并非一个机构或一个产品，而是一个技术管控枢纽，通过一个或多个技术工具实现一定程度的集中管理，便于对全网安全资源进行调度、管理及监控。

　　安全效果评价子过程主要包括合规性评价和安全性评价两部分内容。合规性评价从整体到局部详细评估安全方案的设计是否满足等级保护要求；安全性评价主要从动态防御、主动防御、纵深防御、精准防护、整体防控和联防联控等方面的实现角度，对网络安全等级保护整体设计思想进行安全性评价，为网络运营者和相关服务提供商提供整体上的设计指导。

第2章 安全需求分析指南

在网络安全等级保护建设工作中,对信息系统进行安全需求分析与评估是进行安全防护设计的前提。根据信息系统的使用范围、重要程度、服务故障造成后果的严重程度、需要的安全程度和安全投资的不同,应针对信息系统的具体安全需求进行分析。在安全需求分析的基础上,对信息系统的完整性、保密性、可用性等安全保障性能进行科学评估,生成安全需求分析报告。

在对信息系统进行安全需求分析的过程中,需要重点进行安全合规差距分析。在遵循《网络安全法》、网络安全等级保护制度及相关标准的前提下,还应参照行业特点、有关监管单位的要求等,对信息系统进行分析,以满足关键信息基础设施保护、行业监管等要求。

2.1 安全需求分析的工作流程

安全需求分析的工作流程主要分为安全需求分析准备、安全资产识别估价、信息系统风险分析、安全合规差距分析和安全需求确认五个阶段,如图2-1所示。

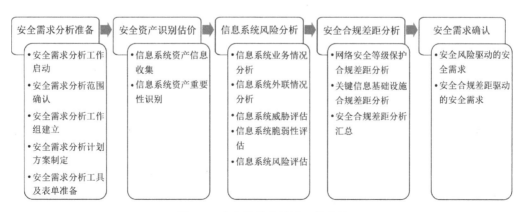

图 2-1 安全需求分析的工作流程

1. 安全需求分析准备

本阶段是开展安全需求分析工作的前提和基础，目标为启动安全需求分析工作、确立安全需求分析的范围、建立安全需求分析工作组、制定安全需求分析计划方案、准备安全需求分析工具及表单等。

2. 安全资产识别估价

本阶段为开展安全需求分析工作提供重要依据，通过对信息系统资产进行信息收集和重要性识别，能够有针对性地分析当前最急迫的安全需求。

3. 信息系统风险分析

本阶段是开展安全需求分析工作的关键环节，通过对信息系统的威胁评估、脆弱性评估，结合信息系统的业务情况分析和外联情况分析，得到信息系统的风险评估结论。通过此结论能够明确当前信息系统存在的问题。

4. 安全合规差距分析

本阶段是开展安全需求分析工作的重要参考环节，安全需求分析的前提是符合法律法规、相关标准的规定。通过安全合规差距分析，能够在风险评估结论的基础上提炼出信息系统与相关标准要求的差距，更好地为安全需求的确认做准备。

5. 安全需求确认

本阶段是开展安全需求分析工作的收尾阶段，通过风险评估与差距分析，能够得到信息系统当前在安全方面最急迫、最真实的需求，从而为后面的安全架构设计及实施提供坚实的基础。

2.2 安全需求分析的主要任务

2.2.1 安全需求分析准备的主要内容

- 召开需求分析启动会议，制定需求分析纲要，统一思想。
- 确认需求分析范围：掌握所有信息系统（内、外网）及与业务系统关联的外部情况。

- 阶段性成果：生成安全需求分析计划方案。
- 角色和责任：成立评估小组，明确人员责任，得到管理层的支持。
- 准备适用表格、模板、问卷等。

2.2.2　安全资产识别估价的主要内容

对资产的选取、识别和划分保持科学性、合理性和可管理性。信息系统资产包括与信息系统相关的所有软硬件、人员、数据及文档等。

1. 机房

以某单位信息系统为例说明对机房物理环境的分析过程，包括机房名称、物理位置和重要程度等，如表 2-1 所示。

表 2-1　机房物理环境情况表

序号	机房名称	物理位置	重要程度
1	主机房	××市××区××街道××号	非常重要
2	备份机房	××市××区××街道××号	重要

2. 网络设备

以某单位信息系统为例说明对网络设备的分析过程，包括设备名称、操作系统、品牌/型号、用途、数量和重要程度等，如表 2-2 所示。

表 2-2　网络设备情况表

序号	设备名称	操作系统	品牌/型号	用途	数量	重要程度
1	出口路由器	专用系统	××	互联网出口路由器	×	非常重要
2	核心交换机	专用系统	××	核心交换机	×	非常重要
3	服务器区汇聚交换机	专用系统	××	服务器区汇聚交换机	×	非常重要
4	DMZ 汇聚交换机	专用系统	××	DMZ 汇聚交换机	×	非常重要
5	办公区汇聚交换机	专用系统	××	办公区汇聚交换机	×	一般重要

3. 安全设备

以某单位信息系统为例说明对安全设备的分析过程，包括设备名称、操作系统、用途、数量和重要程度等，如表 2-3 所示。

表2-3   安全设备情况表

序号	设备名称	操作系统	用途	数量	重要程度
1	互联网防火墙	专用系统	互联网出口防火墙	×	非常重要
2	服务器区入侵检测	专用系统	服务器区 IPS	×	非常重要
3	DMZ WAF	专用系统	DMZ Web 应用防护	×	非常重要
4	上网行为管理	专用系统	上网行为管理	×	非常重要
5	安全感知系统	专用系统	安全态势感知	×	一般重要

4. 服务器/存储设备

以某单位信息系统为例说明对服务器和存储设备的分析过程，包括设备名称、操作系统/数据库管理系统、业务应用软件、数量和重要程度等，如表2-4所示。

表2-4   服务器和存储设备情况表

序号	设备名称	操作系统/数据库管理系统	业务应用软件	数量	重要程度
1	门户网站服务器	OS 7.6	门户网站后台管理系统	×	非常重要
2	综合业务管理系统服务器	OS 7.6	综合业务管理后台系统	×	非常重要
3	数据库服务器	SQL 5.7	—	×	非常重要

5. 终端

以某单位信息系统为例说明对用户终端的分析过程，包括设备名称、操作系统、用途、数量和重要程度等，如表2-5所示。

表2-5   终端情况表

序号	设备名称	操作系统	用途	数量	重要程度
1	业务管理终端	Windows 10	业务管理终端	××	一般重要
2	运维终端	Windows 10	日常运维终端	××	一般重要
3	业务终端	Windows 10	日常业务办公	××	一般重要

6. 业务应用软件

以某单位信息系统为例说明对业务应用软件（包括含中间件等应用平台软件）的分析过程，包括软件名称、主要功能、开发商和重要程度等，如表2-6所示。

表2-6   业务应用软件情况表

序号	软件名称	主要功能	开发商	重要程度
1	门户网站后台管理系统	负责网站信息发布及架构调整	××	非常重要
2	综合业务管理系统	负责业务的汇聚与报表生成	××	非常重要

7. 关键数据

以某单位信息系统为例说明对具有相近的业务属性和安全需求的关键数据的分析过程，包括数据类别、所属业务应用、安全防护需求和重要程度等，如表 2-7 所示。

表 2-7　关键数据情况表

序号	数据类别	所属业务应用	安全防护需求	重要程度
1	业务数据	综合业务管理系统	完整性、保密性	非常重要

8. 安全相关人员

此处可以以列表形式给出与信息系统安全相关的人员情况。安全相关人员包括但不限于安全主管、系统建设负责人、系统运维负责人、网络（安全）管理员、主机（安全）管理员、数据库（安全）管理员、应用（安全）管理员、机房管理员、资产管理员、业务操作员及安全审计员等。

9. 安全管理文档

此处可以以列表形式给出与信息系统安全相关的文档，包括管理类文档、记录类文档和其他文档等。

10. 安全服务

此处可以以列表形式给出目前已经采购的安全服务，包括但不限于系统集成、安全集成、安全运维、网络安全等级保护测评、应急响应等。

2.2.3　信息系统风险分析的主要内容

1. 信息系统业务情况分析

信息系统业务情况分析从业务对象、系统类型、保护等级、系统服务对象范围和业务流程等方面进行，如表 2-8 所示。

表 2-8　信息系统业务情况分析

序号	业务对象	系统类型	保护等级	部署位置	系统服务对象范围	业务流程
1	门户网站	对公众服务系统	2 级	××	所有互联网用户	A 部门有上传附件的权限
2	OA 系统	内部系统	3 级	××	全市某单位内部用户	B 部门有文件查看、转发的权限

2. 信息系统外联情况分析（和其他系统的互联情况）

信息系统外联情况分析（和其他系统的互联情况）即从业务系统外联层面进行安全分析，如业务系统是否与其他系统有业务和数据交互关联、是否可通过互联网进行访问、系统防护情况如何等，如表 2-9 所示。

表 2-9　信息系统外联情况分析

序号	业务对象	是否可通过互联网进行访问	系统防护情况	关联业务系统
1	系统 A	是	在边界部署安全设备防护，未直接连接互联网	与系统 B 有数据交互，可通过系统 C 网站集成页面直接访问

3. 信息系统威胁评估

在信息系统资产分析的基础上，对信息系统相关的所有软硬件、人员、数据及文档等进行威胁调查和威胁分析，形成威胁分析报告。

威胁有多种分类方法，可以参照《信息安全技术　信息安全风险评估方法》（GB/T 20984—2022）的威胁分类方法，将威胁分为软硬件故障、物理环境影响、无作为或操作失误、管理不到位、恶意代码、越权或滥用、网络攻击、物理攻击、泄密、篡改、抵赖、供应链问题等，如表 2-10 所示。

表 2-10　威胁分类

种类	描述	威胁子类
软硬件故障	对业务实施或系统运行产生影响的设备硬件故障、通信链路中断、系统本身或软件缺陷等问题	设备硬件故障、传输设备故障、存储媒体故障、系统软件故障、应用软件故障、数据库软件故障、开发环境故障等
物理环境影响	对信息系统正常运行造成影响的物理环境问题和自然灾害	断电、静电、灰尘、潮湿、温度、鼠蚁虫害、电磁干扰、洪灾、火灾、地震等
无作为或操作失误	应该执行而没有执行相应的操作，或者无意执行了错误的操作	维护错误、操作失误等
管理不到位	安全管理无法落实或不到位，从而破坏信息系统正常有序运行	管理制度和策略不完善、管理规程缺失、职责不明确、监督控管机制不健全等
恶意代码	故意在计算机系统上执行恶意任务的程序代码	木马病毒、蠕虫病毒、陷门、间谍软件、窃听软件等
越权或滥用	通过采用一些措施，超越自己的权限访问了本来无权访问的资源，或者滥用自己的权限，做出破坏信息系统的行为	非授权访问网络资源、非授权访问系统资源、滥用权限非正常修改系统配置或数据、滥用权限泄露秘密信息等
网络攻击	利用工具和技术通过网络对信息系统进行攻击和入侵	网络探测和信息采集、漏洞探测、嗅探（账号、口令、权限等）、用户身份伪造和欺骗、用户或业务数据的窃取和破坏、系统运行的控制和破坏等

续表

种类	描述	威胁子类
物理攻击	通过物理的接触造成对软件、硬件、数据的破坏	物理接触、物理破坏、盗窃等
泄密	将信息泄露给不应了解的他人	内部信息泄露、外部信息泄露等
篡改	非法修改信息，破坏信息的完整性使系统的安全性降低或信息不可用	篡改网络配置信息、篡改系统配置信息、篡改安全配置信息、篡改用户身份信息或业务数据信息等
抵赖	不承认收到的信息和所做的操作和交易	原发抵赖、接收抵赖、第三方抵赖等
供应链问题	由于信息系统开发商或支撑的整个供应链出现问题	供应商问题、第三方运维问题等

威胁调查的方法多种多样，可以根据组织和信息系统自身的特点、历史安全事件记录、面临威胁分析等进行调查。通过威胁调查可识别存在的威胁名称、类型，威胁源攻击能力和攻击动机，威胁路径，威胁发生的可能性，威胁影响的客体的价值、覆盖范围、破坏严重程度和可补救性。

在威胁调查的基础上，可通过分析威胁路径，结合威胁自身属性、资产存在的脆弱性及所采取的安全措施，识别出威胁发生的可能性，也就是威胁发生的概率；可通过分析威胁客体的价值和威胁覆盖范围、破坏严重程度及可补救性等，识别威胁影响；分析并确定由威胁源攻击能力、攻击动机、威胁发生概率及影响程度计算威胁值的方法。综合分析上述因素，对威胁的可能性进行赋值，形成威胁分析报告。威胁赋值分为很高、高、中等、低、很低五个级别，级别越高表示威胁发生的可能性越大。

威胁分析报告应包括如下内容：威胁名称、威胁类型；威胁源的攻击能力、攻击动机、影响程度，以及威胁发生的可能性；威胁赋值；严重威胁说明；信息系统脆弱性评估等。

4. 信息系统脆弱性评估

脆弱性评估涉及 IT 环境的传输设备和网络设备、安全防护设备、主机/服务器等各个层面的安全问题或隐患。脆弱性严重程度分为很高、高、中等、低、很低五个级别，级别越高表示脆弱性严重程度越高。

脆弱性评估的依据既可以是国际或国家安全标准，也可以是行业规范、应用流程的安全要求。应用在不同环境中的信息系统的相同弱点，其脆弱性严重程度是不同的，评估者应从组织安全策略的角度考虑、判断资产的脆弱性及其严重程度，信息系统所采用的协议、应用流程的完备与否、与其他网络的互联情况等也应考虑在内。表 2-11 提供了一种脆弱性识别内容的参考。

表 2-11　脆弱性识别内容表

识别对象	识别内容
传输设备和网络设备	网络规划和拓扑、设备部署、资源配置的缺陷等； 网络保护和恢复的缺陷等
安全防护设备	各类安全防护设备的部署位置不当的缺陷； 安全技术措施和策略方面的漏洞等； 各类知识库、病毒库实时更新方面的缺陷
主机/服务器	设备软硬件安全性方面的漏洞； 可靠性、稳定性、业务网支持能力和数据处理能力、容错和恢复能力的缺陷； 设备访问的连接、授权、鉴别、代理和控制方面的漏洞，以及授权接入的口令、方式、安全链接、用户鉴别等访问控制方面的漏洞隐患等； 相关数据信息在使用、传输、保存、备份、恢复等环节中的安全保护技术缺陷和安全策略方面的漏洞等
物理环境	从机房场地、机房防火、机房供配电、机房防静电、机房接地与防雷、电磁防护、通信线路的保护、机房区域防护、机房设备管理等方面进行识别
网络结构	从网络结构设计、边界保护、外部访问控制策略、内部访问控制策略、网络设备安全配置等方面进行识别
系统软件	从补丁安装、物理保护、用户账号、口令策略、资源共享、事件审计、访问控制、新系统配置、注册表加固、网络安全、系统管理等方面进行识别
应用中间件	从协议安全、交易完整性、数据完整性等方面进行识别
应用系统	从审计机制、审计存储、访问控制策略、数据完整性、通信、鉴别机制、密码保护等方面进行识别

5. 信息系统风险评估

风险评估是以围绕被评估组织核心业务开展为原则的，评估业务所面临的安全风险的过程。风险分析的主要方法是通过对业务相关的资产、威胁、脆弱性及其各项属性的关联分析，综合进行风险分析和计算。

构建风险分析模型是指将资产、威胁、脆弱性三个基本要素及每个要素的相关属性进行关联，并建立各要素之间的相互作用机制关系。信息系统安全风险分析原理如图 2-2 所示。

组织或信息系统安全风险需要通过具体的计算方法实现风险值的计算。风险计算方法一般分为定性计算方法和定量计算方法两大类。由于定量计算方法在实际工作中的可操作性较差，所以风险计算多采用定性计算方法。风险的定性计算方法通过对组织或信息系统面临风险大小的准确排序，确定风险的性质（无关紧要、可接受、待观察、不可接受等），而不是确定风险计算值本身的准确性。

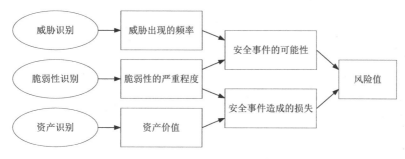

图 2-2　信息系统安全风险分析原理

通过风险计算，可以对风险情况进行综合分析与评价。风险等级一般可划分为五级：很高、高、中等、低、很低；也可以根据项目的实际情况确定风险等级，如划分为高、中、低三级，最后形成风险评估报告。风险评估报告是风险分析阶段的输出文档，是对风险分析阶段工作的总结，是风险评估工作的重要内容，也是风险处理阶段的关键依据。风险评估报告可作为组织从事其他信息安全管理工作的重要参考内容，如信息安全检查、信息系统等级保护测评、信息安全建设等。

2.2.4　安全合规差距分析的主要内容

在信息系统风险分析阶段，主要遵循成本效益平衡的原则，根据重要资产的分级、安全威胁发生的可能性及严重性进行分析。信息系统在完成风险分析的基础上，还需要针对法律法规、相关监管部门的要求及相关行业内部规定等进一步进行安全合规差距分析。

1. 网络安全等级保护合规差距分析

网络安全等级保护总体设计的中心思想为通过"安全计算环境""安全区域边界""安全通信网络""安全管理中心"形成"一个中心，三重防护"的多级互联架构。下面对定级系统在安全计算环境、安全区域边界、安全通信网络、安全管理中心进行合规差距分析，重点对常见的高风险问题进行解释说明。

（1）安全计算环境

安全计算环境主要分析的对象为网络中的各类设备，包括网络设备、安全设备、服务器、数据库和中间件、应用系统等，需要重点核查是否提供明确的各类机制，如身份鉴别机制、访问控制机制、日志审计机制，以及是否提供入侵防范的功能等。对于应用系统，应重点分析是否提供数据完整性和保密性保护的相关功能。

针对三级应用系统中的网络设备、安全设备、服务器、数据库等进行安全合规差距分析，常见的高风险问题如下：设备存在弱口令、空口令或默认口令等；通过网络远程管理时使用 TELNET、FTP 等未加密协议，未采取双因素验证，未对重要设备进行安全审计；存在多余服务，存在已知或通过测试发现存在重大安全漏洞等。上述问题大多可通过更改设备配置或结合第三方设备解决。

与修复设备潜在的高风险问题相比，修复应用系统潜在的高风险问题大多需要安装补丁甚至需要重新开发，因此在安全设计阶段就需要明确应用系统的高风险问题，在开发过程中规避类似的问题。

针对三级应用系统进行安全合规差距分析，常见的高风险问题如下。

身份鉴别模块功能不全面：如未提供用户身份鉴别功能、未提供口令复杂度校验机制、存在弱口令、未提供登录失败处理功能、未提供双因素鉴别功能等。

访问控制功能不完善：如未提供用户权限分配功能、存在越权的情况、存在默认口令等。

安全审计缺失：未提供安全审计功能。

入侵防范存在漏洞：如未提供数据有效性校验，存在 SQL 注入漏洞或跨站脚本的情况，存在已知或通过测试发现存在重大安全漏洞等。

完整性与保密性不完备：涉及重要信息的应用系统未在传输过程或存储过程中进行加密，存在重要数据泄露的情况。

数据备份与恢复机制缺乏：如应用系统未提供备份与恢复功能、未提供异地数据备份功能，重要应用系统未提供异地备份功能等。

在网络安全等级保护中，针对个人信息保护增加了要求，因此应用系统需要将个人信息保护纳入安全审计中，从收集、保存、使用、共享、转让、公开披露等方面综合考虑具体功能实现。

（2）安全区域边界

安全区域边界主要分析的对象为整体网络架构及网络中的安全设备和日志审计类设备。需要重点核查是否在边界处部署具有访问控制功能、入侵防范功能、防恶意代码功能的设备，访问控制类设备是否具有从 L2～L7 层的访问控制功能，入侵防范类设备能否对来自内、外网的攻击进行控制等。

安全区域边界常见的高风险问题如下。

边界防护存在漏洞：如互联网出口存在访问控制策略不完善的情况，网络内部未对非授权设备接入、内部用户非授权访问的情况进行阻断。

入侵防范功能不完善：如网络中无法对内部或外部发起的攻击进行检测及拦截。

恶意代码防范措施缺乏：网络中无法对恶意代码进行检测及拦截。

安全审计不全面：网络中未对安全事件进行审计。

（3）安全通信网络

安全通信网络主要分析的对象为整体网络架构，包括主要网络设备及安全设备、互联网出口及其他边界出口等。需要重点明确是否存在网络设备性能不足、边界出口带宽无法满足业务需要、未划分网络区域及分配地址、重要服务器与边界直连，以及通信线路和关键设备无硬件冗余的情况。

安全通信网络常见的高风险问题：关键设备、线路未提供冗余，存在单点故障的风险。

网络架构设计存在问题：如未划分区域并未为每个区域分配网络地址等。

通信传输中的保密性与完整性无法保障：口令、密钥等重要敏感信息通过互联网或其他不可靠网络进行通信传输时使用明文。

（4）安全管理中心

安全管理中心在设计框架中不一定通过单台设备实现，可能由一系列设备的组合实现其功能，如通过日志审计系统实现日志的集中收集与分析、通过堡垒机实现对各类设备的安全管理等。因此，在安全设计环节，需要在网络架构中划分独立的运维管理区，并通过各类设备实现集中管控。

安全管理中心常见的高风险问题如下。

运行监控措施不完善：未对网络链路、安全设备、网络设备和服务器等的运行状况进行集中监测。

日志集中收集存储功能缺失：如未对网络各个节点的日志进行集中收集或收集的日志存储时间少于 6 个月。

安全事件发现处置措施存在漏洞：未采取技术措施对网络中发生的安全事件进行识别、告警或分析。

上述潜在的高风险问题，在整体的信息系统风险分析阶段、网络架构的设计阶段均需要纳入考虑范围并需要提供有效的解决方案。

2. 关键信息基础设施保护合规差距分析

关键信息基础设施保护是在网络安全等级保护的基础上，针对部分系统进行的专门的、更为严格的保护。针对关键信息基础设施保护，目前相关规定及标准正在制定中。关键信息基础设施保护的标准是高于网络安全等级保护三级标准的，因此在进行合规差距分析时，参照的各类标准应不低于《设计要求》中有关第三级系统的要求。

2.2.5　安全需求确认的主要内容

1. 安全风险驱动的安全需求

安全风险驱动的安全需求如表 2-12 所示。

表 2-12　安全风险驱动的安全需求

序号	风险分类	描述	安全需求
1	网络类风险	服务器网络层扫描发现高中风险漏洞	加强服务器等主机网络安全监测，对发现的网络层漏洞进行定期监测，对发现的高中风险漏洞进行及时修复
2	应用类风险	应用系统扫描发现高中风险漏洞	加强互联网应用和内网安全防护，对发现的高中风险漏洞进行及时修复；对外网加强网站防篡改力度
3	应用类风险	应用系统渗透测试发现高中风险漏洞	

2. 安全合规差距驱动的安全需求

安全合规差距驱动的安全需求如表 2-13 所示。

表 2-13　安全合规差距驱动的安全需求

序号	差距来源	风险分类	描述	安全需求
1	网络安全等级保护	安全通信网络	网络架构没有做冗余	梳理网络架构，保障业务连续性
2	网络安全等级保护	安全区域边界	未对应用协议和应用内容进行访问控制	加强对业务系统应用的网络攻击防护
3	网络安全等级保护	安全计算环境	等级保护三级业务系统没有进行双因素认证	实现业务系统双因素认证，保障系统安全

第3章 安全架构设计指南

3.1 安全架构设计的工作流程

网络安全架构设计工作不是一蹴而就的。网络安全架构会随着安全需求的变化而动态调整，并不是一成不变的，从传统的单一软硬件的安全防护到现在全局的、综合的安全防御平台和系统，从基于安全规则的防护到现在的基于大数据、机器学习的智能防护系统，无论是安全系统还是安全技术都在发生变化，但其根本目标仍然是从网络和信息系统的不同层面统一布局，达成"一个中心，三重防护"的目标，构建综合网络安全防御体系。网络安全架构设计的工作流程如图 3-1 所示。

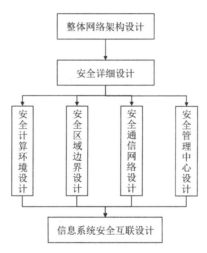

图 3-1 网络安全架构设计的工作流程

3.2 安全架构设计的主要任务

3.2.1 整体框架设计

在对网络和信息系统进行整体设计时，应充分考虑各安全区域的划分与隔离需求，包括办公区、DMZ、核心交换区、网络接入区、服务器区等，为了实现系统业务流量与管理流量的分离，应专门划分单独的运维管控区。整体上实现不同安全级别的区域安全隔离，对于等级保护安全级别为第四级的网络和信息系统应单独划分区域。

此外，随着云计算、移动互联、物联网及工业控制系统等新型等级保护对象的网络互联，应充分考虑不同形态的网络互联安全问题。典型网络和信息系统的整体框架如图 3-2所示。

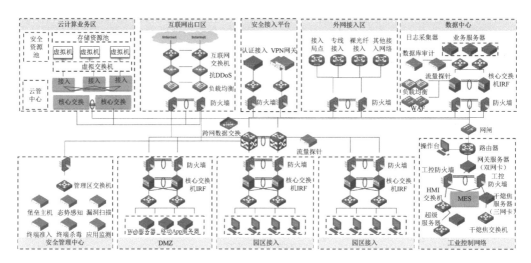

图 3-2　典型网络和信息系统的整体框架

3.2.2　信息系统安全互联设计

1. 云平台与传统信息系统安全互联设计

云平台与传统信息系统之间的安全互联设计，比较通用的方式就是通过防火墙将云平台和传统信息系统的通信网络部件连接，并按互联互通的安全策略对信息流进行严格访问控制。

云平台和传统信息系统之间通过部署防火墙的方式实现安全互联，并通过配置安全访问控制策略，实现云平台上业务系统和传统信息系统中相关业务系统的访问控制和信息交互。例如，云平台上某二级系统可单向访问传统信息系统中某三级系统；传统信息系统中某二级系统可单向访问云平台上某二级系统。

云平台和传统信息系统之间的安全互联设计如图 3-3 所示。

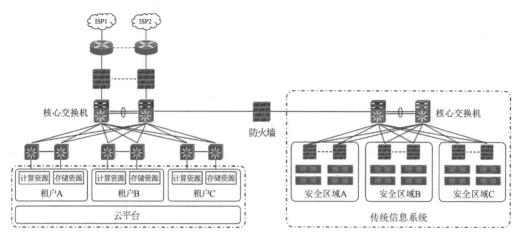

图 3-3　云平台与传统信息系统之间的安全互联设计

为保证传统信息系统与云计算业务区的数据共享和交换安全，图 3-3 中云平台与传统信息系统之间可部署跨网数据交换产品，通过协议转换来实现两者之间的逻辑强隔离机制。在必要的安全防护需求下，也可采用网络隔离产品中的单向导入、物理断开技术来保障数据的安全交换。

2. 移动互联系统安全互联设计

移动互联业务服务器一般部署于传统信息系统的 DMZ，为移动互联用户和移动终端提供互联网访问服务，如图 3-4 所示。

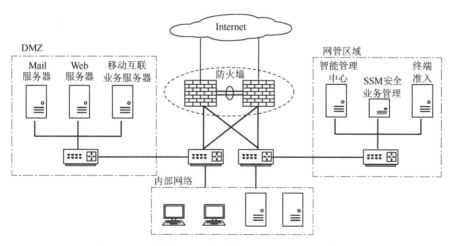

图 3-4　传统信息系统与移动互联系统安全互联设计

针对移动互联系统内部各组成模块的安全互联设计，传统信息系统与移动互联系统安全互联设计包括安全通信网络的设计和安全区域边界的设计，用于保护数据在不可信网络链路上的传输安全，保护各安全区域边界的安全。

（1）安全通信网络的设计

关于安全通信网络的设计只有一条安全设计技术要求，这是对第三级及以上级别的系统的要求，即应实现通信网络的可信保护，可通过 VPDN 等技术实现基于密码算法的可信网络连接机制，通过对连接到通信网络的设备进行可信检验，确保接入通信网络的设备真实可信，防止设备的非法接入。

通过构建 VPN 隧道可满足移动终端从公共无线网接入对外服务区的安全设计技术要求。移动终端的通信链路设计可使用 VPN 数据传输保护的方式，在移动终端侧安装 VPN 客户端，在对外服务区的服务器上安装 VPN 服务器，或者在对外服务区部署 VPN 网关，从而建立加密隧道连接。核心区域与对外服务区的网络连接，也可通过部署 VPN 网关的方式进行链路加密，从而保护数据安全。

（2）安全区域边界的设计

安全区域边界的设计应满足区域边界访问控制与区域边界完整性保护两条技术要求，主要针对对外服务区与移动终端之间的区域边界。这体现了移动互联系统应具备的两种边界安全防护能力：一是需要有控制移动终端使用无线网络或移动通信网络的能力；二是需要有主动发现和防止非授权无线接入行为的能力。

对外服务区与移动终端的边界安全防护机制尤为关键。在对外服务区，应采取非法接入监控措施，对非法接入行为进行监测、预警和阻断。在移动终端，应采取网络连接监控措施，能够控制移动终端使用无线网络或移动通信网络。另外，还应设计保护移动终端自身免受网络入侵干扰的安全防护机制。核心区域与对外服务区的边界的安全防护机制通常不涉及无线网络，根据所定等级，采用对应的通用安全防护措施即可。

3. 物联网系统安全互联设计

物联网系统安全互联设计主要考虑两种互联场景：物联网系统与其他应用系统互联、不同安全保护等级的物联网系统互联。

（1）物联网系统与其他应用系统互联

物联网是传统网络的扩展和延伸，与传统网络和移动网络的交互是必不可少的。物联网系统与其他应用系统互联（见图 3-5）的需求主要表现在两个方面。

- 用户使用客户端接入物联网的各种应用。物联网用户可能使用各种类型的客户端，包括移动终端、PC 终端等，通过运营商网络接入物联网的应用系统。为防止暴露在公网上的客户端和应用服务接口给物联网系统带来安全隐患，应在物联网平台的边缘处部署边界防护设备，提供对应用终端的身份鉴别和对应用的访问控制策略，并通过流量审计、协议数据包过滤等技术防止恶意攻击的入侵。

- 物联网系统与其他应用系统的数据交互。其他应用系统与物联网系统互联时，可能存在其他应用系统的安全等级低于、高于或等于物联网系统的安全保护等级的情况。为规避物联网与其他应用系统互联带来的安全隐患，应在物联网边界处部署相应的边界防护设备，如应用防火墙、网闸、单向隔离设备等，提供安全认证、隔离、过滤和检测等安全功能。

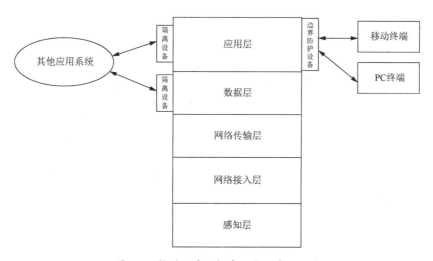

图 3-5　物联网系统与其他应用系统互联

（2）不同安全保护等级的物联网系统互联

为规避传统网络与物联网中不同安全保护等级的系统互联而引入的安全风险，应通过安全组件（如网闸、单向传输设备等）进行互联，实现系统间的有效隔离和数据安全交换，且安全防护策略应满足进出数据流中最高等级的安全防护要求。比如，二级、三级和四级业务系统资源池之间进行数据交互时，数据流经过的安全组件或安全设备的安全防护能力应满足等级保护四级的安全防护要求。

4. 工业控制系统安全互联设计

工业控制系统要求对诸如图像、语音信号等数据的大数据量、高速率传输，并催生了当前在商业领域风靡的以太网与控制网络的结合。这股工业控制系统网络化浪潮又将诸如嵌入式技术、多标准工业控制网络互联、无线技术等多种当今的流行技术融合进来，拓展了工业控制领域的发展空间，带来了新的发展机遇。

随着计算机技术、通信技术和控制技术的发展，传统的控制领域正经历着一场前所未有的变革，开始向网络化方向发展。因此，工业控制系统与传统信息系统互联的需求越来越迫切。

由于工业控制系统基本上都是涉及国家民生的重要网络系统，因此与传统信息系统互联的安全设计尤为重要。工业控制系统安全互联架构如图3-6所示。

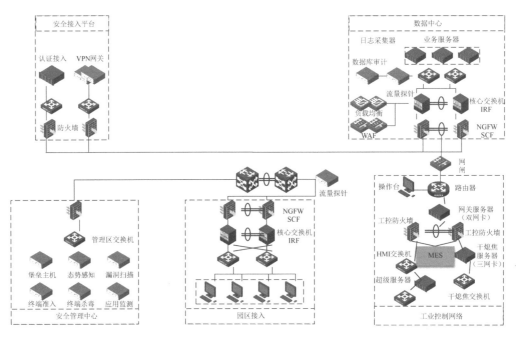

图 3-6　工业控制系统安全互联架构

工业控制系统边界与传统信息系统边界之间部署安全隔离网闸，实现工业控制网络与传统信息网络的逻辑隔离。安全隔离网闸在这两种不同形态的网络之间的作用，主要表现为网络模型各层的断开。

（1）物理层断开

安全隔离网闸采用了网络隔离技术，目的是保证网闸的外部主机和内部主机在任何时候都是完全断开的。外部主机与固态存储介质、内部主机与固态存储介质在进行数据传递时，可以有条件地进行单个连通，但不能同时相连。在实现上，外部主机与固态存储介质之间、内部主机与固态存储介质之间均存在一个开关电路，安全隔离网闸必须保证这两个开关不会同时闭合，从而保证 OSI 模型在物理层的断开机制可以实现。

（2）链路层断开

由于开关的同时闭合可以建立一个完整的数据通信链路，因此必须消除数据链路的建立，这就是链路层断开技术。由于任何基于链路通信协议的数据交换技术都无法消除数据通信链路的连接，因此不能称之为网络隔离技术，如基于以太网的交换技术、串口通信或高速串口通信协议的 USB 等。

（3）TCP/IP 协议隔离

为了消除 TCP/IP 协议（OSI 的 3~4 层）的漏洞，必须剥离 TCP/IP 协议。在经过安全隔离网闸进行数据摆渡时，必须重建 TCP/IP 协议。

（4）应用协议隔离

为了消除应用协议（OSI 的 5~7 层）的漏洞，必须剥离应用协议。剥离应用协议后的原始数据，在经过安全隔离网闸进行数据摆渡时，必须重建应用协议。

在实时系统之间进行安全互联设计的过程中，对于各个 DCS、PLC 系统的安全互联（包括 SCADA 系统中各站点的互联，它们之间信息交流较多且有一定的实时响应要求），首先，要进行网络互联的可信通信设计，如对通信对象进行身份鉴别和对通信数据采取保护机制；其次，要对互联通信的数据在通过本系统网络区域边界时，通过实施"白名单+深度防御"机制进行边界防护和信息过滤；再次，要采取措施保护控制过程和数据的完整性，防止针对控制系统的且以干扰系统正常的周期运行、破坏实时性、导致功能失效为目的的攻击，造成的 PLC、控制器等停机、宕机的严重后果。

对于实时系统与非实时系统之间的互联设计，目前从 0 层到 2 层的工业控制网络与其他生产管理网的互联，多数情况下信息交流量不大且实时响应要求不高，为安全考虑，可采取严格的手段管理。如对于三级及以上级别的系统，该部分的安全互联可采用物理隔离、单向网闸等安全措施；对于二级及以下级别的系统，该部分的安全互联可采用防火墙实施深度过滤的安全策略。

5. 大数据信息系统安全互联设计

大数据信息系统安全互联设计主要包括：数据源与大数据平台的安全防护设计、大数据平台之间的安全防护设计及大数据平台内部的安全防护设计。

数据源与大数据平台的安全防护设计如图 3-7 所示。

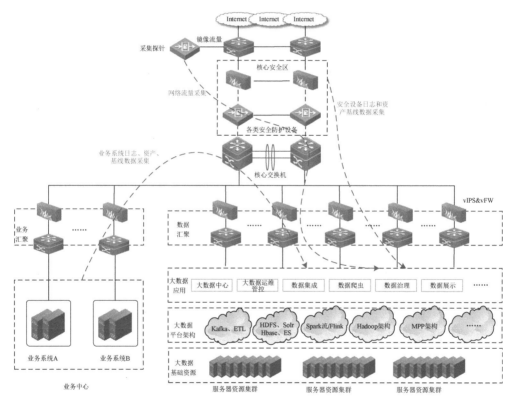

图 3-7　数据源与大数据平台的安全防护设计

大数据信息系统在互联方面主要进行的是大数据应用与大数据平台的采集服务调用，以及大数据平台在终端上的采集行为。大数据信息系统的数据源包括各类安全系统/模块等产生的告警数据、与安全相关的审计日志、安全取证的证据日志/文件、安全配置策略等，以及基础数据、知识数据等，应在安全基础设施、网络、终端、云平台、边界和业务应用等关键部位采集相关数据。因此，应在采集传输安全、采集设备认证、数据接入安全、采集设备管理、采集审计等层面进行安全防护设计。

大数据平台基于云计算安全架构，通过资源虚拟化、网络虚拟化等技术实现底层资源的弹性扩展。所以，大数据平台之间的安全互联设计可参考云计算扩展要求进行安全防护设计。

大数据平台内部安全防护设计如图 3-8 所示。

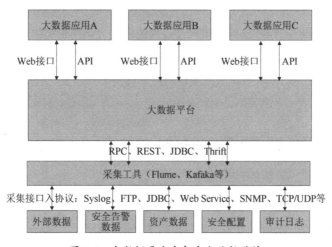

图 3-8　大数据平台内部安全防护设计

大数据平台主要为各类大数据应用提供不同的技术服务能力，大数据应用通过大数据平台提供的数据调用接口来获取并使用数据。大数据平台通过采集工具调用不同的接口采集数据源。因此，大数据平台内部需要针对平台提供的数据接口进行安全防护设计。数据接口的安全防护主要包括接口鉴权、接口传输安全、接口调用控制及调用日志记录。

（1）接口鉴权

● **接入身份认证**：大数据应用接入大数据平台都需要经过身份认证。

● **调用鉴权**：系统对接口的调用都要经过鉴权，明确可操作的资源范围、操作权限。

（2）接口传输安全

● 关键信息的传输应支持安全信道传输或加密传输。

- 应对输入数据进行有效性检查，防范重放攻击和代码注入攻击。
- 若大数据平台内无数据脱敏处理机制，应对出口数据进行敏感性检查和脱敏处理。
- 应支持对传输数据的完整性检查，以防数据在传输过程中丢失或损坏。

（3）接口调用控制

- **流控制**：管理员可限制用户对接口的访问次数，限制接口的最大连接量。
- **流量监控**：对大数据平台与系统之间接口的流量进行实时监控，能够对流量异常的情况进行告警与控制。
- **调用过载保护**：如果是部分用户发起大量的接口调用引起的系统过载，则可以对其他用户的接口调用进行公平处理；如果是大量的用户对部分接口发起调用引起的系统过载，则可以对其他的接口调用进行公平处理。

（4）调用日志记录

系统及大数据应用对大数据平台接口的调用需要记入日志，并进行定期审计。

6. 不同安全保护等级的系统互联

不同安全保护等级的系统之间由于安全需求不同，内部所采取的安全防护措施也不同，这就可能导致较低安全保护等级的系统的安全缺陷被恶意人员利用，将其作为跳板，进一步破坏高安全保护等级的系统。图 3-9 所示为三级等级保护区域与二级等级保护区域之间的互联。

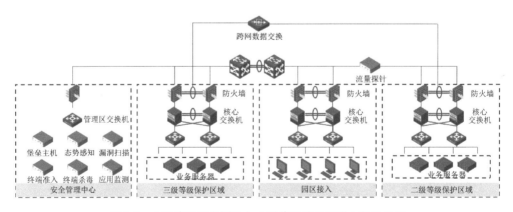

图 3-9　三级等级保护区域与二级等级保护区域之间的互联

对于不同安全保护等级的系统的互联，边界安全是重中之重。因此，在对图 3-9 中的两组区域边界防火墙进行安全策略设置时，应本着就高不就低的原则，将安全策略的粒度设置为满足三级等级保护区域的要求；同时，对于安全需求较高的不同安全保护等级的系统的互联，也可采取跨网数据交换产品来实现两个区域之间的数据安全交换。

3.2.3　信息系统安全架构设计

全方位、立体的信息系统安全架构设计应该是分层次的，不同的层次反映了不同的安全问题，需要采取不同的安全防御措施，进而达到信息系统整体的纵深防御效果。根据信息系统各区域承担功能和部署设备的不同，以及各区域所涉及信息的重要程度的不同，信息系统应划分不同的网络安全域，如图 3-10 所示。

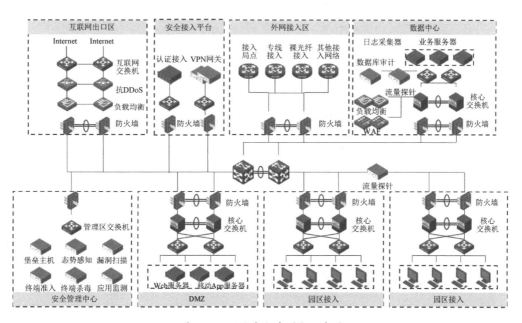

图 3-10　网络安全域划分示意图

在整体信息系统区域层次划分的基础上，构建在安全管理中心支持下的安全区域边界、安全通信网络和安全计算环境三重防护体系，即"一个中心，三重防护"体系，如图 3-11 所示。

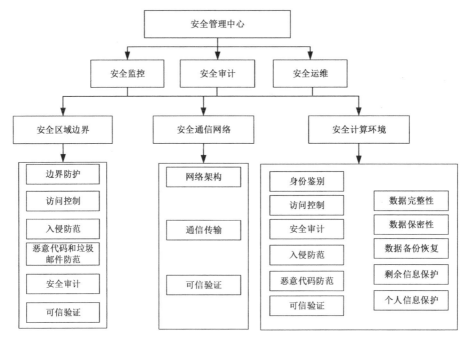

图 3-11　　"一个中心，三重防护"体系

安全区域边界层次主要基于不同安全区域之间的边界隔离措施、互联区域数据交互的边界安全控制进行设计，通过合理划分安全区域边界，在边界处部署具有访问控制功能、入侵防范功能、防恶意代码功能的设备。访问控制类设备具有细粒度的访问控制功能，入侵防范类设备能够对来自内、外网的攻击进行控制，同时应重点对边界安全设备日志进行集中管理和审计。

安全通信网络层次的安全主要体现在网络结构和通信传输的安全性上，包括网络设备业务处理能力保障、区域间访问控制、网络资源的访问控制、数据传输的保密与完整性，以及基于可信根的应用程序可信验证等。

安全计算环境主要保证网络设备、安全设备、服务器设备及应用程序的安全。网络设备及安全设备的安全主要体现在网络方面的安全性上，包括网络层身份鉴别、网络资源的访问控制、数据的保密性与完整性、远程接入的安全、域名系统的安全、路由系统的安全、入侵检测的手段及网络设施防病毒等。服务器操作系统的安全问题主要表现在三方面：一是操作系统本身的缺陷带来的不安全因素，主要包括身份鉴别、访问控制缺失及系统漏洞等；二是对操作系统的安全配置问题；三是病毒对操作系统的威胁。应用层次的安全问题主要是因提供服务的应用软件和数据的安全性产生的，包括 Web 服务、电子邮件系统、DNS 等，此外还包括病毒对系统的威胁。

以上安全防护措施需要用到的安全设备或安全技术包括但不限于：

- 安全管理中心/网络安全态势感知系统；
- 防火墙；
- Web 防火墙、网页防篡改；
- 入侵检测、入侵防御、防病毒；
- 统一威胁管理；
- 身份鉴别、虚拟专网；
- 加解密、文档加密、数据签名；
- 安全隔离网闸、终端安全与上网行为管理；
- 内网安全、审计与取证、漏洞扫描、补丁分发；
- 安全管理平台；
- 运维审计系统、数据库审计系统；
- 灾难备份产品。

第4章 通用安全设计技术要求应用解读

本章针对《设计要求》的通用安全设计技术要求中第一级至第四级安全设计技术要求进行全面解读，同时从应用角度对相应安全设计技术要求进行说明，指导用户开展安全设计。在具体控制点的【安全设计技术要求】中用加粗字体重点标注了本级安全设计技术要求较上一级安全设计技术要求的增强或为标准中新增的安全设计技术要求，如"4.3.4 可信连接验证"等，便于读者对比、分析。

4.1 安全计算环境

4.1.1 用户身份鉴别

【安全设计技术要求】

第一级：应支持用户标识和用户鉴别。在每一个用户注册到系统时，采用用户名和用户标识符标识用户身份；在每次用户登录系统时，采用口令鉴别机制进行用户身份鉴别，并对口令数据进行保护。

第二级：应支持用户标识和用户鉴别。在每一个用户注册到系统时，采用用户名和用户标识符标识用户身份，**并确保在系统整个生存周期用户标识的唯一性**；在每次用户登录系统时，采用**受控的口令或具有相应安全强度的其他机制**进行用户身份鉴别，**并使用密码技术对鉴别数据进行保密性和完整性保护**。

第三级：应支持用户标识和用户鉴别。在每一个用户注册到系统时，采用用户名和用户标识符标识用户身份，并确保在系统整个生存周期用户标识的唯一性；在每次用户登录系统时，采用受**安全管理中心控制**的口令、**令牌、基于生物特征的数据数字证书以及其他**具有相应安全强度的**两种或两种以上的组合机制**进行用户身份鉴别，并对鉴别数据进行保密性和完整性保护。

第四级：应支持用户标识和用户鉴别。在每一个用户注册到系统时，采用用户名和用户标识符标识用户身份，并确保在系统整个生存周期用户标识的唯一性；在每次用户登录和重新连接系统时，采用受安全管理中心控制的口令、基于生物特征的数据、数字证书以及其他具有相应安全强度的两种或两种以上的组合机制进行用户身份鉴别，**且其中一种鉴别技术产生的鉴别数据是不可替代的**，并对鉴别数据进行保密性和完整性保护。

【标准解读】

身份鉴别是指在计算机及计算机网络系统中确认操作者身份的过程，确定该用户是否具有对某种资源的访问和使用权限（主体和客体双方互相鉴别确定身份，并对其赋予恰当的标志、标签和证书等，解决主体本身的信用问题和客体对主体的访问的信任问题），进而使计算机及计算机网络系统的访问策略能够可靠、有效地被执行，防止攻击者假冒合法用户获得资源的访问权限，保证系统和数据的安全，以及授权访问者的合法利益。用户身份认证的基本方法主要包括：用户所知道的信息，如口令；用户所拥有的物品，如智能卡、USB Key（智能密码钥匙）等；用户所具有的生物特征，如指纹、虹膜、笔迹等。信息系统中常见的身份认证方式主要有静态密码认证、动态令牌认证、智能卡认证、USB Key 认证、生物识别技术认证等。网络世界和真实世界一样，为了达到更高的身份认证安全性，在某些场景中会将上述认证方法中的两种混合使用，即所谓的双因素认证。目前使用比较广泛的双因素认证有动态令牌+静态密码，USB Key+静态密码，二层静态密码等。身份鉴别在整个信息系统中处于基础的、关键的地位。网络安全最基本和最关键的保护就是要从身份鉴别入手来提高和控制整个系统的安全性。身份鉴别包括用户标识和用户鉴别，即用户向系统以一种安全的方式提交自己的身份证明，然后由系统确认用户的身份是否属实的过程。等级保护要求用户标识具有唯一性，且系统用户鉴别使用到的鉴别数据具有一定的复杂度，并应保证鉴别数据的保密性和完整性。

其中，第三级安全设计技术要求要求用户应使用两种或两种以上的组合机制进行用户身份鉴别。用户如果要以特权用户的身份访问资源，必须使用两种或两种以上方法进行身份验证。用户标识符应与安全审计相关联，保证系统发生安全事件时可核查。双因素认证不仅要求访问者具备诸如静态口令的鉴别信息，还需要访问者拥有个人所有、个人特征等鉴别信息，如令牌、智能卡、生物指纹、虹膜、人脸等。第三级及以上级别的系统的用户鉴别由安全管理中心实施统一管理和控制。鉴别数据也应存放在数据库的特殊位置进行保护，且数据库列表不能被非授权地访问、修改或删除，存放身份鉴别数据的数据库在重新释放内存时要满足剩余信息保护要求，防止信息泄露或被恶意利用。

第二级安全设计技术要求相对第三级安全设计技术要求，无两种或两种以上组合机制进行用户身份鉴别的要求，第一级安全设计技术要求相对第二级安全设计技术要求，对于鉴别数据没有复杂度、保密性和完整性的要求。

第四级安全设计技术要求在第三级安全设计技术要求的基础上，不仅在每次用户登录系统时需进行身份鉴别，还在超过一定时间阈值后重新连接系统时对用户重新进行身份鉴别。

【设计说明】

信息系统设计将加强终端登录、应用系统等身份鉴别管理，通过身份鉴别系统对用户的账户、密码、证书进行统一管理，防止非法用户随意接入并访问/应用服务器的数据资源。系统内所有服务器和终端将增设开机 CMOS 密码，并加强 CMOS 修改权限的保护，防止通过改变系统启动设置等参数非授权使用终端。具体设计如下。

1. 用户身份标识

由应用系统统一生成唯一的用户身份标识符，无论是在系统生命周期还是在应用过程中，该标识符是唯一的，并贯穿于业务系统应用始终。该身份标识符存放在数据库的特殊位置进行保护，且需保证数据库列表不被非授权地访问、修改或删除。用户如果要以特权用户的身份访问该资源，必须有两种或两种以上的身份验证方法。用户标识符应与安全审计相关联，保证系统发生安全事件时的可核查性。

2. 登录失败处理

用户身份鉴别尝试失败次数达到 5 次后，应采取以下措施：对于本地登录，将进行登录锁定，同时形成业务系统和数据库审计事件并告警；对于应用程序，禁止使用该程序或延长一定时间后再允许尝试。

3. 重新鉴别

用户身份鉴别成功并登录系统后，如果其空闲操作的时间超过了规定值（通常为 10 分钟以内），则在该用户需要执行其他操作之前，将对该用户重新进行身份鉴别。

4. 远程管理传输

远程管理的设置是为了方便管理员随时随地进行管理操作，当进行远程管理时，应采取必要措施防止鉴别信息在网络传输过程中被窃听。为此，需要对鉴别信息进行加密处理，而网络传输过程中最经常使用的是 SSL 加密。SSL 加密用以保障网络传输过程中数据的安全，利用数据加密技术，确保数据在网络传输过程中不会被截取或窃听。

5. 双因素认证

在信息系统中，服务器、用户终端、应用程序，以及网络和安全设备的本地登录、远程登录均需进行用户身份鉴别。身份鉴别方式为 USB Key + PIN 码口令的双因素认证方式。

对于普通用户，通过 PKI 公钥基础设施和终端安全登录与文件保护系统的部署，可实现以数字证书为核心的双因素认证技术（如采用存有数字证书的 USB Key+PIN 码口令的方式），在用户登录终端及访问应用系统时对其进行身份鉴别，防止非法用户随意登录终端并访问应用服务器数据资源。此外，当用户访问核心资源时，需要对用户身份进行二次鉴别。

对于管理员用户，通过部署运维审计系统，并将运维审计系统与 PKI/CA 公钥基础设施进行集成，可保证全部设备的维护操作都通过运维审计系统进行。管理员用户在登录运维审计系统时，也需要采用以数字证书为核心的双因素认证技术实现身份鉴别。

采用 USB Key+PIN 码口令的方式进行用户身份鉴别时，应满足如下要求：

- 口令长度设置不少于 10 位；
- 口令采用大小写字母、数字、特殊字符中两种以上的组合设置，同时定期进行更换。

6. PKI/CA 系统逻辑设计

PKI/CA 系统逻辑框架主要由证书发放、用户登录应用系统、数字签名三部分组成，如图 4-1 所示。

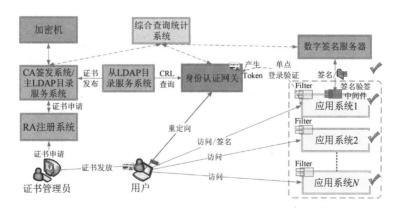

图 4-1　PKI/CA 系统逻辑框架设计图

证书发放：证书管理员登录 RA 注册系统，录入用户信息，并审核用户注册请求；证书注册信息传入 CA 签发系统；CA 签发系统进行数字证书的签发；CA 签发系统将证书发布到 LDAP 目录服务系统中；证书经 RA 注册系统传回证书管理员桌面，证书管理员为用户制作证书，并发给用户使用。

用户登录应用系统：用户登录应用系统，应用系统通过安装在系统上的 Filter 过滤器来判断用户是否已经认证过，如果没有，则重新定向用户登录网关登录页面；用户应先按照网关页面的提示插入 USB Key，并输入 PIN 保护密码，然后提交认证请求到身份认证网关；身份认证网关判断证书的真实有效性，并从目录服务系统中查询 CRL 证书黑名单，判断证书是否已经被吊销。如果证书验证全部通过，则由身份认证网关检查用户权限，进而显示用户可登录系统列表，根据授权策略为用户签发单点登录 Token，用户凭借 Token 单点登录各业务系统。

数字签名：用户提交敏感操作/敏感数据，客户端的签名软件将调用 USB Key 接口对敏感操作/敏感数据产生数字签名；数字签名传入应用系统，应用系统调用签名中间件接口，将签名信息传入数字签名服务器完成数字签名验证，数字签名服务器返回验证结果；应用系统根据验证结果完成后续业务逻辑操作。数字签名服务器除了能够满足用户签名，还可以提供系统间身份认证及交互数据的数字签名功能，保证系统间的强身份认证及数据完整有效，实现抗抵赖功能。

4.1.2　自主访问控制

【安全设计技术要求】

第一级：应在安全策略控制范围内，使用户/用户组对其创建的客体具有相应的访问操作权限，并能将这些权限的部分或全部授予其他用户/用户组。访问控制主体的粒度为用户/用户组级，客体的粒度为文件或数据库表级。访问操作包括对客体的创建、读、写、修改和删除等。

第二级：应在安全策略控制范围内，使用户对其创建的客体具有相应的访问操作权限，并能将这些权限的部分或全部授予其他用户。访问控制主体的粒度为**用户级**，客体的粒度为文件或数据库表级。访问操作包括对客体的创建、读、写、修改和删除等。

第三级：应在安全策略控制范围内，使用户对其创建的客体具有相应的访问操作权限，并能将这些权限的部分或全部授予其他用户。自主访问控制主体的粒度为用户级，客体的粒度为文件或数据库表级和（或）记录或字段级。自主访问操作包括对客体的创建、读、写、修改和删除等。

第四级：同第三级。

【标准解读】

访问控制技术是指防止对任何资源进行未授权的访问，从而使计算机系统在合法的范围内使用的技术。常用的访问控制模式有 3 种：自主访问控制、强制访问控制和基于角色的访问控制。其中，自主访问控制是一种常用的访问控制方式，它基于对主体或有主体属性的主体组的识别来限制对客体的访问，这种控制是自主的。自主是指主体能够自主地（可间接地）将访问权限或访问权的某个子集授予其他主体。同样，授权主体能够自己决定从其他主体或子集收回他所授予的访问权限。在自主访问控制中，能够针对保护对象制定合理、安全的保护策略。

自主访问控制是安全防范和保护的主要策略。系统自主访问控制的主要任务是确保系统资源不被非法使用和访问，自主访问控制的目的在于通过限制用户对特定资源的访问来保护系统资源。在系统中的每一个文件或目录都有访问权限，这些访问权限决定了谁能访问和如何访问这些目录和文件。对于系统中一些重要的文件，则需要严格控制其访问权限，从而加强系统的安全性。因此，为了确保系统的安全，需要为登录的用户分配账户，并合理配置账户权限。例如，相关管理人员具有与职位相对应的账户和权限。

用户是自主访问控制的主体，对于系统的默认账户等客体，由于它们的某些权限与实际系统的要求可能存在差异，从而造成安全隐患，因此这些默认账户应被重命名、禁用或删除，并修改默认账户的默认口令。

通常，系统在运行一段时间后，因业务应用或管理员岗位的调整，会出现一些多余的、过期的账户，同时会出现多个系统管理员或用户使用同一账户登录系统的情况，造成审计追踪时无法定位到自然人。如果存在多余的、过期的账户，则可能会有攻击者利用其进行非法操作的风险，因此应及时清理系统中的账户，删除或停用多余的、过期的账户，同时避免共享账户的存在。根据管理用户的角色对权限进行细致的划分，有利于各岗位细致地协调工作，同时仅授予管理用户所需的最小权限，可以避免因权限的漏洞使得一些高级用户拥有过大的权限。例如，将角色划分为系统管理员、审计管理员和安全管理员三类角色，并设置对应的权限。明确提出访问控制的粒度要求，重点目录的访问控制主体可能为某个用户或某个进程，应能够控制用户或进程对文件、数据库表等客体的访问。

各级系统访问控制的要求在客体的粒度上存在差异，其中第三级、第四级安全设计技术要求要求自主访问控制设定策略主体的粒度为用户级，客体的粒度为文件或数据库表级、记录级、字段级。第二级安全设计技术要求要求自主访问控制设定策略主体细化到用户，客体的粒度为文件级或数据库表级。第一级安全设计技术要求要求自主访问控制设定策略主体的粒度为用户/用户组级，客体的粒度为文件或数据库表级。

【设计说明】

为实现自主访问控制，需要依据用户的身份和授权，为系统中的每个用户（用户组）和客体规定用户允许对客体进行访问的方式。每个用户对客体进行访问的要求都需要经过规定授权的检验，如果检验结果允许用户以这种方式访问客体，则访问可以得到允许，否则就不被许可。

对于自主创建的文件，除了对文件做机密性、完整性保护，还需要进行访问控制的操作。文件属主通过操作系统自带的访问控制功能实现对受保护文件的统一"读""写""执行"等操作管理。普通用户对这些文件进行访问，不能违背这些规定，否则操作不能进行。另外，也可以通过部署统一认证及权限管理系统的访问控制功能实现文件级的访问控制。自主访问控制机制设计图如图4-2所示。

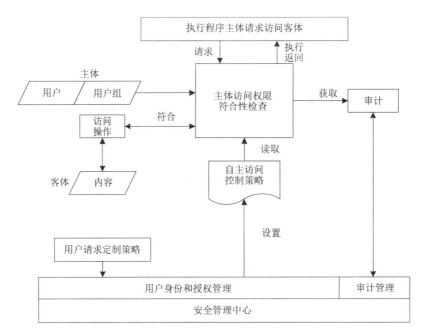

图 4-2 自主访问控制机制设计图

　　针对信息系统中的主机系统的访问控制策略需要对服务器及终端进行安全加固，加固内容包括：限制默认账户的访问权限，重命名系统默认账户，修改默认账户的默认口令，删除操作系统和数据库中多余的、过期的账户，禁用无用账户或共享账户；根据管理用户的角色分配权限，实现管理用户的权限分离，仅授予管理用户所需的最小权限；启用访问控制功能，依据安全策略控制用户对资源的访问。

　　在交换机和防火墙上设置不同网段、不同用户对服务器的访问控制权限。对权限的分配及申请做好记录留存，以便定期对访问控制策略进行梳理及核查。

　　关闭操作系统开启的默认共享，对于需要开启的共享及共享文件夹设置不同的访问权限，对于操作系统中的重要文件和目录设置权限要求。

　　设置不同的管理员角色对服务器进行管理，如系统管理员、审计管理员和安全管理员，以实现操作系统特权用户的权限分离，并对各个账户在其工作范围内设置最小权限。通过主机内核加固系统，实现服务器的内核级安全加固。

4.1.3　标记和强制访问控制

【安全设计技术要求】

　　第一级、第二级：无。

　　第三级：**在对安全管理员进行身份鉴别和权限控制的基础上，应由安全管理员通过特定操作界面对主、客体进行安全标记；应按安全标记和强制访问控制规则，对确定主体访问客体的操作进行控制。强制访问控制主体的粒度为用户级，客体的粒度为文件或数据库表级。应确保安全计算环境内的所有主、客体具有一致的标记信息，并实施相同的强制访问控制规则。**

　　第四级：在对安全管理员进行身份鉴别和权限控制的基础上，应由安全管理员通过特定操作界面对主、客体进行安全标记，**将强制访问控制扩展到所有主体与客体**；应按安全标记和强制访问控制规则，对确定主体访问客体的操作进行控制。强制访问控制主体的粒度为用户级，客体的粒度为文件或数据库表级。应确保安全计算环境内的所有主、客体具有一致的标记信息，并实施相同的强制访问控制规则。

【标准解读】

　　强制访问控制（Mandatory Access Control，MAC）在计算机安全领域指一种由操作系统约束的访问控制，目标是限制主体或发起者访问或对对象、目标执行某种操作的能力。在实践中，主体通常是一个进程或线程，对象可能是文件、目录、TCP/UDP 端口、共享内存段、I/O 设备等。主体和对象各自具有一组安全属性。每当主体尝试访问对象时，都会由操作系统内核强制施行授权规则——检查安全属性并决定是否可以进行访问。任何主体对任何对象的任何操作都将根据一组授权规则（也称策略）进行测试，决定操作是否允许。在数据库管理系统中也存在访问控制机制，因而也可以应用强制访问控制。在此环境下，对象为表、视图、过程等。

强制访问控制是指由系统安全管理员对用户所创建的对象进行统一的强制性控制，按照规定的规则决定哪些用户可以对哪些对象进行哪些操作类型的访问。即使是创建者用户，在创建一个对象后，也可能无权访问该对象。强制访问控制是在自主访问控制的基础上对于系统访问控制功能进行的重要补充，应该授予安全管理员强制访问控制策略的配置权限，且对于安全管理员也需要进行身份鉴别和权限控制，其身份鉴别需要满足等级保护对应系统用户标识与用户鉴别的要求。

标记和强制访问控制是《设计要求》从第三级系统开始提出的要求。其中敏感标记是强制访问控制的依据，主客体都有，它存在的形式既可能是整形的数字，也可能是字母，总之它表示主客体的安全级别。敏感标记由安全管理员进行设置，安全管理员不参与操作系统行为，通过对重要信息资源设置敏感标记，决定主体以何种权限对客体进行操作，实现强制访问控制功能。在强制访问控制机制下，系统内的主体被赋予了敏感标记来标识主体对客体访问的许可级别及范畴，系统内的客体也被赋予敏感标记来表示客体的敏感性级别及范畴，然后系统根据访问控制策略通过比较主体和客体相应的敏感标记来决定是否许可一个主体对客体的访问请求。

系统的访问控制策略应由安全管理员进行配置，非授权主体不得更改访问控制策略。访问控制策略规定系统用户对系统资源（如目录和文件）具有哪些权限、能进行哪些操作，通过在系统中配置访问控制策略，实现对系统各用户权限的限制。访问控制策略明确提出访问控制的粒度要求，重点目录的访问控制主体可能为某个用户或某个进程，应能够控制用户或进程对文件、数据库表等客体的访问。通过采取强制访问控制措施可以使信息系统具有对操作系统、数据、文件或其他资源进行访问控制的能力，同时具有对敏感信息进行标识并对敏感信息的流向进行控制的能力。

第四级安全设计技术要求在第三级安全设计技术要求的基础上，增加了强制访问控制应当扩展到所有主体与客体的要求。

【设计说明】

1. 操作系统层面的强制访问控制安全机制

目前主流的操作系统均提供不同级别的访问控制功能，但由于国外对我国核心技术的封锁，出口商用操作系统通常采用自主访问控制机制，高等级主体如 root、Administrator 等默认获得所有客体的访问控制权。然而，一旦位于最高等级的超级管理员账号、密码等信息被攻击者盗取并成功利用，操作系统将无任何安全性可言，故在条件允许的情况下，信息系统可考虑使用更高安全级别的国产化操作系统，如中标麒麟安全操作系统。目前，中标麒麟安全操作系统通过了公安部信息安全产品检测中心最高级别的权威认证，安全功能达到了第四级（结构化保护级）技术要求的强制性认证。中标麒麟安全操作系统强制访问控制安全机制图如图 4-3 所示。

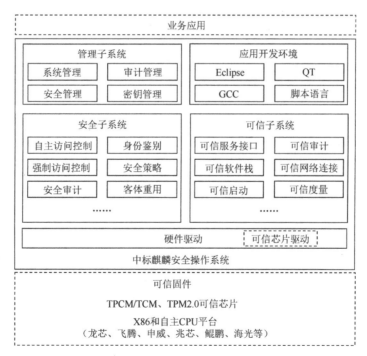

图 4-3　中标麒麟安全操作系统强制访问控制安全机制图

中标麒麟安全操作系统基于 LSM 机制的 SELinux 安全子系统框架，以自主研发的 SXL/SXL2 安全框架为核心，将安全机制从内核延伸到应用和网络。该操作系统提供三权分立机制权限集管理功能和统一的安全管理中心 SMC，支持安全管理模式切换，针对特定应用的安全策略定制；提供核心数据加密存储、双因素认证、高强度访问控制、进程级的最小权限、网络安全防护、细粒度的安全审计、安全删除、可信路径、TCM 支持等多项安全功能；提供可持续性的安全保障；兼容主流的软硬件；为用户提供全方位的操作系统和应用安全保护，防止关键数据被篡改被窃取，系统免受攻击，保障关键应用安全、可控和稳定地对外提供服务。

在强制访问控制安全功能方面，该操作系统支持强制运行机制、强制能力控制及访问控制列表等安全机制。

强制运行机制：通过强制访问控制、多级安全和类型标记等功能机制防止使用恶意的方法获得系统的最高控制权限，避免遭受网络攻击。

强制能力控制：实现进程级的强制访问控制，彻底消除系统不受限制的进程，赋予进程最小运行权限。

访问控制列表：支持自主访问控制和强制访问控制，提供细粒度访问控制，以角色、类型或特定用户和特定组为单位分配访问许可，防止权限扩散。

2. 应用系统层面的强制访问控制安全机制

应用系统层面的强制访问控制，可以在需要控制的文件/数据库服务器外部部署统一认证及权限管理系统实现对用户的授权，利用基于角色的访问控制模型（RBAC）结合应用系统的安全功能开发实现对用户功能操作的强制访问控制，从而使应用系统实现对用户资源的强制访问控制。也就是说，由安全管理员通过统一认证及权限管理系统对所有主体（用户）进行标记，强制访问控制主体的粒度为用户级。通过应用系统对所有客体（文件、数据库中的数据）进行安全标记，客体的粒度为文件或数据库表级，将用户类别与安全标记文件对应。从用户的访问请求中取得要访问的资源和操作，通过访问控制列表检查用户是否有此安全标记文件的访问权限，实现对文件的强制访问控制。

文件在整个生存周期中，除非经安全管理中心重新定级，否则安全标记全程有效。强制访问控制是根据安全策略来确定该用户能否对指定的受控文件进行操作的。比如，安全策略规定，高密级用户可以访问同密级和低密级文件；反之，低密级用户则被强制禁止访问高密级文件。当然，安全管理中心可以根据实际应用环境制定相应的安全策略，从而实现标识和强制访问控制目标。强制访问控制机制设计图如图 4-4 所示。

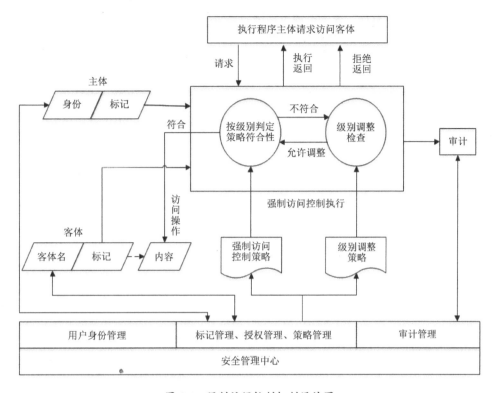

图 4-4　强制访问控制机制设计图

统一认证及权限管理系统还应实现单点登录和单点退出等相关功能。

4.1.4　系统安全审计

【安全设计技术要求】

第一级：无。

第二级：**应提供安全审计机制，记录系统的相关安全事件。审计记录包括安全事件的主体、客体、时间、类型和结果等内容。该机制应提供审计记录查询、分类和存储保护，并可由安全管理中心管理。**

第三级：应记录系统的相关安全事件。审计记录包括安全事件的主体、客体、时间、类型和结果等内容。应提供审计记录查询、分类、**分析**和存储保护；**确保对特定安全事件进行报警；确保审计记录不被破坏或非授权访问。应为安全管理中心提供接口；对不能由**

系统独立处理的安全事件，提供由授权主体调用的接口。

第四级：应记录系统相关安全事件。审计记录包括安全事件的主体、客体、时间、类型和结果等内容。应提供审计记录查询、分类、分析和存储保护；能对特定安全事件进行报警、**终止违例进程**等；确保审计记录不被破坏或非授权访问以及**防止审计记录丢失**等。应为安全管理中心提供接口；对不能由系统独立处理的安全事件，提供由授权主体调用的接口。

【标准解读】

系统安全审计是保障信息系统本地安全和网络安全的重要技术手段，通过关注系统和网络日志文件、目录和文件中不期望的改变、程序执行中的不期望行为、物理形式的入侵信息等，来检查和防止虚假数据及欺骗行为。通过对审计信息的分析，可以为系统的脆弱性评估、责任认定、损失评估、系统恢复等提供关键性信息。

详细的审计记录才能实现有效的审计，审计记录应该包括安全事件的主体、客体、时间、类型和结果等。通过记录中的详细信息，能够帮助管理员或其他相关检查人员准确地分析和定位事件。

非法用户进入系统后的第一件事情就是清理系统日志和审计日志，而发现入侵的最简单、最直接的方法就是查看系统记录和安全审计文件。因此，必须对审计记录进行安全保护，避免其受到未预期的删除、修改或覆盖等。

同时，应保护好审计进程，当安全事件发生时能够及时记录事件发生的详细内容，非审计员的其他账户不能中断审计进程。

系统安全审计是《设计要求》从第二级系统开始提出的要求。第三级安全设计技术要求相对第二级安全设计技术要求，主要增加了与安全事件报警、审计记录保护、审计记录调用相关的要求。第四级安全设计技术要求在第三级安全设计技术要求的基础上，主要增加了如发生特定安全事件，不仅需要提供安全报警功能，还可以终止相关安全事件的违例进程等要求。

【设计说明】

系统安全审计是评判一个信息系统是否真正安全的重要标准之一。通过对安全审计信息的收集、分析，评估安全信息、掌握安全状态、制定安全策略，确保整个安全体系的完备性、合理性和适用性，从而将系统调整到"最安全"和"最低风险"的状态。安全审计已成为企业内控、信息系统安全风险控制等不可或缺的关键手段，也是威慑、打击内部计算机犯罪的重要手段。

对信息系统内的终端、服务器、数据库和应用系统均应设置安全审计措施，对系统内的相关安全事件进行审计记录，记录内容包括用户、对象、时间、操作以及结果等，并提供审计记录的查询、分类、报表、存储和事件回放功能。可通过二次开发对应用系统进行相应的审计，对系统不能独立处理的安全事件提供统一的调用接口，对应用系统发生的特定的安全事件进行报警，保证系统的安全性。具体的审计措施包括以下几种。

1. 运维审计

审计管理员能够使用运维审计系统对管理人员和运维人员的操作进行审计，加强对相关运维事项的责任认定，实现对运维工作质量、数量的评估与考核，满足安全事件的事前预防（通过统一认证和授权，运维人员只能对其有权限的设备进行运维操作）、运维事件的事中控制、操作内容事后审计的要求。

2. 主机审计

主机审计主要通过终端管理系统或主机监控与审计产品完成。根据审计需求，针对受控终端/服务器制定详尽的审计策略（包括用户登录、资源访问、进程启动等）；对已收集的审计信息分类别，提供详细的审计查询，并能够对审计信息进行收集、归并、查询、备份等操作。

3. 数据库审计

数据库审计应包括静态审计和动态审计。采用支持关系型数据库和分布式数据库审计的数据库审计系统，对数据库进行静态、动态审计，同时提供审计报表和审计事件回放，为安全审计员提供核心数据库的全方位、细粒度的保护功能。

4. 应用审计

应用审计主要通过应用系统和主机监控与审计等产品配合完成。应用审计的主要内容是对应用程序的活动信息进行审计。比如，打开和关闭数据文件，读取、编辑、删除记录或字段等特定操作及打印报告等。

5. 安全审计报告

安全审计报告通过对收集以上多种审计记录，进行集中管理分析，并自动生成、导出定制化报告，包括安全事件的主体、客体、时间、类型及结果等内容。

4.1.5　用户数据完整性保护

【安全设计技术要求】

第一级：可采用常规校验机制，检验存储的用户数据的完整性，以发现其完整性是否被破坏。

第二级：同第一级。

第三级：**应采用密码等技术支持的完整性**校验机制，检验存储和**处理的**用户数据的完整性，以发现其完整性是否被破坏，**且在其受到破坏时能对重要数据进行恢复。**

第四级：同第三级。

【标准解读】

数据完整性保护指在传输、存储信息或数据的过程中，确保信息或数据不被未授权的人篡改或在被篡改后能够被迅速发现。在网络安全等级保护中，数据完整性应覆盖网络中的各类网络设备、安全设备、服务器、数据库及应用系统。在《设计要求》中，从第一级到第四级安全设计技术要求均对用户数据的完整性保护提出了明确的要求。

在第一级、第二级安全设计技术要求中，均建议提供常规的校验机制。在数据量较小的场合，可采用如奇偶校验（Parity Check）、BCC 异或校验、LRC 纵向冗余校验、CRC 循环冗余校验等方式。在数据量较大的场合，则需要采用摘要算法对数据进行校验，其中最为常见的摘要算法为 MD5、SHA、SM3 等。在第一级、第二级安全设计技术要求中，未对完整性校验失败后的数据处理提出明确的要求，可采用丢弃或其他可行的处理方法。

在第三级、第四级安全设计技术要求中，对校验机制提出了更高的要求，要求采用密码技术对数据的完整性进行检查，并在检测到重要数据受到破坏时能够对其进行恢复。此处的重要数据包括但不限于鉴别数据、配置数据、业务数据、用户的个人信息等。在第一级及第二级系统中采取的各类算法无法实现对数据进行恢复的功能，因此在第三级及第四级系统中应采用非对称加密算法对数据进行完整性检查，并在检测到数据被篡改后通过重传等方式重新获取正确的数据。常见的非对称加密算法为 RSA、SM2 等。

【设计说明】

在网络安全等级保护设计过程中，应重点考虑网络设备、安全设备、服务器、数据库、业务应用软件及系统管理平台中的数据完整性。下面将对网络中涉及数据完整性部分的相关设计进行说明。

网络设备及安全设备：网络设备及安全设备由于一般采用专用系统，可配置的功能存在一定限制，且配置文件一般为明文保存且可直接导入/导出。因此需要对配置文件中的重要数据（如鉴别信息、重要配置信息）采用哈希算法进行加密。通过对输入数据进行哈希值计算并将其与已保存的哈希值进行比较，确认数据是否被篡改。

服务器及数据库：服务器及数据库中数据完整性的设计与网络设备及安全设备类似，但需要进行完整性校验的数据类别较网络设备及安全设备有所增加，应包含个人信息、重要业务数据、重要视频数据等。

业务应用软件及系统管理平台：针对应用系统的数据完整性保护，除通过哈希算法进行验证外，对于已存储的数据可采用如数据安全保护系统等进行验证。针对第三级或第四级系统，应采用基于非对称加密算法的数据加密方式实现用户数据完整性保护。

4.1.6　用户数据保密性保护

【安全设计技术要求】

第一级：无。

第二级：**可采用密码等技术支持的保密性保护机制，对在安全计算环境中存储和处理的用户数据进行保密性保护。**

第三级：应采用密码等技术支持的保密性保护机制，对在安全计算环境中存储和处理的用户数据进行保密性保护。

第四级：**采用密码等技术支持的保密性保护机制，对在安全计算环境中的用户数据进行保密性保护。**

【标准解读】

数据保密性保护是防止信息被未经授权者访问和防止信息在传递过程中被截获并解密的功能。

　　用户数据保密性保护是《设计要求》从第二级系统开始提出的要求，要求采用密码技术对网络中的各类设备、操作系统、数据库、中间件及应用系统中用户的数据进行加密。此处的密码技术应符合国家密码的相关规定，对于一般的应用系统应采用商用密码进行加密。用户的数据包括但不限于鉴别数据、重要业务数据、个人信息等。另外，对于不同种类与级别的数据，应采用不同等级的加密措施。

　　第三级安全设计技术要求在第二级安全设计技术要求的基础上，强调应采用密码技术来实现对用户数据的保密性保护的要求。

　　第四级安全设计技术要求人们必须采用密码技术来实现对用户数据的保密性保护。

【设计说明】

　　数据加密的基本过程就是对原来为明文的文件或数据按某种算法进行处理，使其成为不可读的代码，称为"密文"，只能在输入相应的密钥之后才能显示出本来的内容，通过这样的途径达到保护的数据不被人非法窃取、阅读的目的。数据加密涵盖的主要范围包括数据传输与数据存储两部分。

1. 数据传输

　　在数据传输的设计过程中，可通过部署 VPN、使用安全通信协议或其他密码技术等措施实现数据传输过程中的保密性防护，如通过 VPN 实现同城/异地备份中心的传输加密。

　　对鉴别信息、重要业务数据和重要个人信息进行加密传输，即确保传输的数据是加密后传输的。

　　由于数据的加/解密对硬件性能消耗较大，在确认内部数据传输可信的前提下，可通过部署专用的 SSL 设备或加密机实现。

2. 数据存储

　　在数据存储方面，一般通过密码加密技术实现数据存储过程中的保密性防护。对于特别重要的数据，如关键管理数据、鉴别信息及重要业务数据，使用数据加密系统或其他加密技术实现存储的保密性。

　　对于存放在关系型数据库中的原始数据，建议使用国产密码算法技术对数据的存/取进行加/解密操作。

4.1.7 客体安全重用

【安全设计技术要求】

第一级：无。

第二级：**应采用具有安全客体复用功能的系统软件或具有相应功能的信息技术产品，对用户使用的客体资源，在这些客体资源重新分配前，对其原使用者的信息进行清除，以确保信息不被泄露。**

第三级、第四级：同第二级。

【标准解读】

客体安全重用能够防止某个非授权用户获取其他用户的鉴别信息、文件、目录和数据库记录等资源，通过采用一定手段，保证被使用过的客体资源在重新分配前，对其原使用者的信息进行清除，即使使用恢复软件都无法恢复存储设备上曾保存过的资料，以确保信息不被泄露。

客体安全重用是《设计要求》从第二级系统开始提出的要求。在信息系统中，一切信息均存储于内存、硬盘等介质中。一旦用户的鉴别信息在处理完成后没有被及时清除，就存在非授权用户利用非正常手段获取该用户的鉴别信息和敏感数据的可能，进而导致其他安全问题。因此第二级至第四级安全设计技术要求均要求在对客体初始指定、分配或再分配一个主体之前，应撤销该客体所含信息的所有授权。当主体获得对一个已被释放的客体的访问权时，当前主体不能获得原主体活动所产生的任何信息。

第三级、第四级安全设计技术要求同第二级安全设计技术要求。

【设计说明】

信息系统中客体安全重用主要包括鉴别信息清除和敏感数据清除两方面内容，主要通过应用系统开发过程中的专用代码实现。

1. 鉴别信息清除

设计信息系统时应注意，用户鉴别信息所在的存储空间在被释放或再分配给其他用户之前要完全清除，无论这些信息是存放在硬盘上还是内存中。

2. 敏感数据清除

操作系统、应用系统内文件、目录和数据库记录等资源所在的存储空间在被释放或重新分配给其他用户之前也需要得到完全清除。

　　在设计应用系统时，无论是用户鉴别信息的清空还是文件记录的清空，采取的方式都是类似的，都是在用户注销退出时对存储介质上（包括硬盘和内存）的残余信息进行清理。这就要求设计人员对需要清理的地方进行适当的清理，一般可以使用一些工具或直接用代码对底层进行操作。敏感数据的清除重点关注以下两方面。

　　（1）操作系统

　　以 Linux 操作系统为例，Linux 系统在内存分配中已引入了零页面（Zero Page）的概念，能够实现在分配实际的物理内存给进程使用前进行内存清零。但对于磁盘存储，由于目前主流的文件系统在执行删除操作中仅删除与文件相关的节点信息，未删除实际文件，因此在实际应用中，必须采用数据覆写方式对文件所在的数据区域进行完全擦除。

　　（2）应用系统

　　以 Linux 操作系统为例，其在内核层未强制保证内存客体的安全重用，能够支持内核模块程序并共享全部内核空间，同时在应用系统的设计过程中会涉及内存的申请与释放，因此，需要使用如 kzalloc、vzalloc 等支持申请内存后进行清零操作的函数实现 Linux 内核空间内存客体的安全重用。

4.1.8　可信验证

　　【安全设计技术要求】

　　第一级：可基于可信根对计算节点的 BIOS、引导程序、操作系统内核等进行可信验证，并在检测到其可信性受到破坏后进行报警。

　　第二级：可基于可信根对计算节点的 BIOS、引导程序、操作系统内核、**应用程序**等进行可信验证，并在检测到其可信性受到破坏后进行报警，**并将验证结果形成审计记录**。

　　第三级：可基于可信根对计算节点的 BIOS、引导程序、操作系统内核、应用程序等进行可信验证，并在应用程序的关键执行环节对系统调用的主体、客体、操作进行可信验证，并对中断、关键内存区域等执行资源进行可信验证，并在检测到其可信性受到破坏时采取措施恢复，并将验证结果形成审计记录，送至管理中心。

　　第四级：可基于可信根对计算节点的 BIOS、引导程序、操作系统内核、应用程序等进行可信验证，并在应用程序的**所有**执行环节对系统调用的主体、客体、操作可信验证，并对中断、关键内存区域等执行资源进行可信验证，并在检测到其可信性受到破坏时采取措施恢复，并将验证结果形成审计记录，送至管理中心，**进行动态关联感知**。

【标准解读】

可信验证技术是新标准中引入的非常重要的内容。传统的计算机体系结构过多地强调计算功能，忽略了安全防护，可信验证技术的目的就是解决这个安全防护先天不足的问题。

可信验证技术的基本思想：首先在计算机系统中构建一个可信根，可信根的可信性由物理安全、技术安全和管理安全共同确保。可信根的内部有密码算法引擎、可信裁决逻辑、可信存储寄存器等部件，可以向节点提供可信度量、可信存储、可信报告等可信功能，是节点信任链的起点。其次建立一条信任链，从信任根开始到软硬件平台、操作系统、应用，一级度量认证一级、一级信任一级，把信任关系扩大到整个计算节点。

第一级安全设计技术要求要求在网络中部署基于硬件的可信根，并基于可信根对计算节点的 BIOS、引导程序、操作系统内核进行可信验证。可信根应采用符合国家相关标准的可信密码模块（TCM）与可信平台控制模块（TPCM）。在验证过程中，应先于 CPU 启动 TPCM，对系统进行可信度量，并在度量失败时采取报警等措施。

第二级安全设计技术要求在第一级安全设计技术要求的基础上，增加了对应用程序进行可信验证的要求，同时要求对度量的结果进行记录。

第三级安全设计技术要求在第二级安全设计技术要求的基础上，增加了对应用程序关键执行环节进行验证的要求，同时系统能够在度量失败后采取措施将受到破坏的数据恢复。

第四级安全设计技术要求在第三级安全设计技术要求的基础上，增加了动态关联感知的要求。

【设计说明】

关于信息系统中可信计算部分的实现，建议部分关键计算设备在设计过程中采用可信计算 3.0 架构进行设计，如图 4-5 所示。

可信计算 3.0 架构与传统的可信计算架构最大的区别在于，其将可信系统与宿主信息系统剥离，通过可信子系统主动地向宿主信息系统提供可信支撑功能。

可信根的设计如"标准解读"中所说，应采用符合国家相关标准的可信密码模块与可信平台控制模块。其

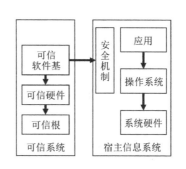

图 4-5　可信计算 3.0 架构图

中，可信密码模块由可信存储根（RTS）和可信报告根（RTR）组成。可信存储根利用内置的密钥，对数据进行存储保护。可信报告根则将密钥作为信任源，向外界提供无法被篡改的状态报告。可信平台控制模块由可信度量根与可信控制逻辑组成。可信度量根能够度量系统初始时硬件的可信状态，并通过可信存储根保证度量结果无法被篡改。可信控制逻辑则用于度量出现问题时对系统采取的相关措施。

　　可信硬件作为可信计算的载体，主要指的是双融主板，即同时包含正常计算功能与可信功能的主板。可信部分要求能够先于 CPU 启用 TPCM，实现系统的可信度量，并在度量失败时能够采取措施实现对端口、总线等部件的控制。双融主板架构图如图 4-6 所示。

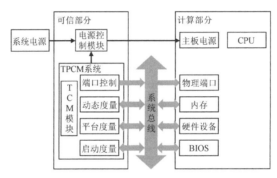

图 4-6　双融主板架构图

　　可信软件基作为可信计算的核心，对下管理 TPCM 与其他可信资源，对上保护操作系统及应用，实现主动免疫。可信软件基架构图如图 4-7 所示。

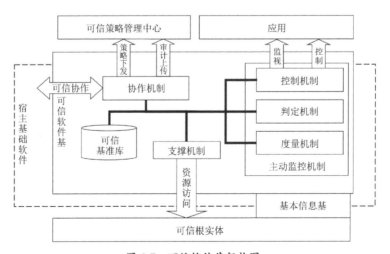

图 4-7　可信软件基架构图

在计算节点设计过程中可采用的可信架构图如图 4-8 所示。

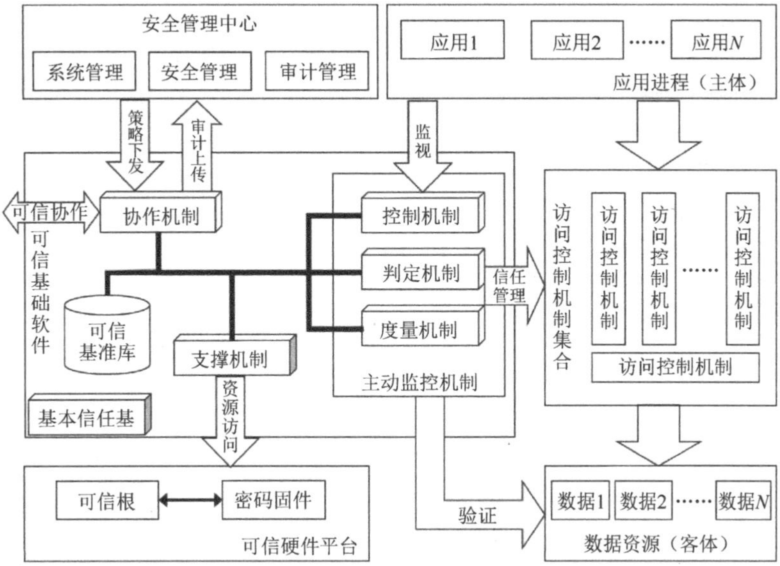

图 4-8　计算节点设计过程中可采用的可信架构图

4.1.9　配置可信检查

【安全设计技术要求】

第一级、第二级：无。

第三级：**应将系统的安全配置信息形成基准库，实时监控或定期检查配置信息的修改行为，及时修复和基准库中内容不符的配置信息。**

第四级：应将系统的安全配置信息形成基准库，实时监控或定期检查配置信息的修改行为，及时修复和基准库中内容不符的配置信息，**可将感知结果形成基准值。**

【标准解读】

配置可信检查是《设计要求》从第三级系统开始提出的要求。在信息系统的建设与使用过程中，各类设备及应用系统的配置会经常发生变化。同时，在设备较多的场景中，如何保证同类型设备的统一配置，尤其是安全配置的统一，是信息系统建设者与使用者需要考虑的问题。因此，《设计要求》对配置的检查提出了要求。第三级安全设计技术要求要求建立安全配置信息基准库，应采取实时监控或定期监控的方式对设备和系统中可能出现的配置修改操作进行监控，同时将配置信息与基准库中的内容进行比较，对于不符合基准库中的内容的配置信息，应采取如禁止其生效、报警等措施进行修正。

第四级安全设计技术要求在第三级安全设计技术要求的基础上，增加了基准值感知生成的要求，即能够根据设备中现有的安全配置，自动生成安全度最高的基准值，并推广至其他设备，实现安全配置的完善。

【设计说明】

配置可信核查要求的实现依赖于以下三部分。

1. 符合业务要求的安全配置

此处安全配置应涵盖网络设备、安全设备、服务器、数据库、中间件、业务系统、管理系统等各个网络组件。安全配置的内容应包括身份鉴别策略（身份鉴别方式、口令复杂度、登录失败处理、口令定期更换等）、访问控制策略（用户权限分配、默认账户及密码管理、自主访问控制等）、安全审计策略（审计内容、审计日志保留时间等）与其他安全相关策略（远程管理限制、关闭多余服务）等。在建立安全配置信息基准库时应参照当前业务的要求，在不影响相关业务的前提下进行。

2. 部署配置核查系统

在制定内部安全基线的基础上，应部署配置核查系统。配置核查系统能够协助用户进行企业内安全配置的集中采集、风险分析、问题处理等工作。配置核查系统应提供完整的安全基线检查、配置变更核查、漏洞扫描等功能。配置核查类设备架构图如图 4-9 所示。

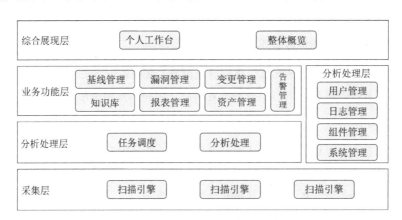

图 4-9　配置核查类设备架构图

3. 部署基于可信计算技术的可信软件库

部分关键服务器设备可部署基于可信计算技术的操作系统免疫保护平台。操作系统免疫保护平台由可信安全管理平台、可信软件基、可信软件库、可信芯片组成。操作系统免疫保护平台产品架构图如图 4-10 所示。

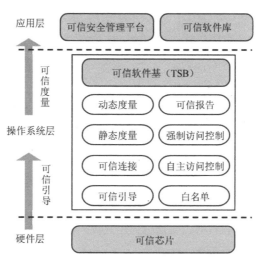

图 4-10　操作系统免疫保护平台产品架构图

可信安全管理平台采用三权分立的管理模式，通过采用标准化的接口和协议，统一管理计算节点、安全组件和应用系统。可信安全管理平台可以对应用、安全软件、系统环境进行统一管理。

可信软件基是安装在终端操作系统中的安全执行软件，是实现系统运行过程中度量、存储、报告功能的实际执行部件。利用可信芯片的特性，可以为应用和系统的运行建立可信的计算环境，通过可信连接形成可信网络，并将可信计算功能的接口提供给应用和操作系统使用。

可信软件库是为可信软件基提供软件安全检测、安全下载和安全使用的软件仓库。通过对业务环境中使用的软件进行收集、分析、整理，形成可信软件库，并生成与软件配套的白名单信息库及规则库。以操作系统免疫保护平台中的可信软件库为基准库进行联动，只有通过可信软件库认证、检查的软件才可以使用，从而阻止未授权软件和恶意软件的安装使用。可信软件库会对库中的软件进行安全分析和安全规则的制定，每一个可信软件都有一个与之匹配的安全规则，在软件使用过程中，可信软件基会执行相应的安全规则，一且攻击者利用应用软件的漏洞进行提权，可信软件基会根据应用软件的安全规则进行拦截，有效弥补因为应用软件漏洞而形成的安全威胁。

4.1.10　入侵检测和恶意代码防范

【安全设计技术要求】

第一级：应安装防恶意代码软件或配置具有相应安全功能的操作系统，并定期进行升级和更新，以防范和清除恶意代码。

第二级：同第一级。

第三级：应通过主动免疫可信计算检验机制及时识别入侵和病毒行为，并将其有效阻断。

第四级：同第三级。

【标准解读】

恶意代码是指怀有恶意目的的可执行程序或代码，如计算机病毒（木马病毒、蠕虫病毒等）、后门程序、流氓软件和逻辑炸弹等，它们通常会在用户不知晓也未授权的情况下入侵计算机系统。恶意代码具有恶意目的、传播性、通过执行发生作用的普遍特征。

防恶意代码软件是一种可以对木马病毒等一切已知的对计算机有危害的程序代码进行清除的程序工具。防恶意代码软件通常集成监控识别、病毒扫描和清除、自动升级、主动防御等功能，有的防恶意代码软件还带有数据恢复、防范黑客入侵、网络流量控制等功能，是计算机防御系统的重要组成部分。

作为安全计算环境部分防御网络入侵行为及恶意代码的重要措施，入侵检测和恶意代码防范是《设计要求》从第一级系统开始提出的要求。第一级安全设计技术要求要求在所有服务器、终端等计算节点安装防恶意代码软件，对蠕虫病毒、广告软件、勒索软件等恶意代码进行查杀，并定期升级和更新恶意代码特征库，保护全网服务器和终端等计算节点的安全。

第二级安全设计技术要求同第一级安全设计技术要求。

第三级安全设计技术要求要求在各类计算节点（主要是操作系统）中安装具有主动免疫可信计算检验机制的软件，采用可信计算主动防御机制，不以恶意代码的特征为判断恶意代码的依据,而是提供执行程序的可信度量,阻止未授权及不符合预期的执行程序运行,实现对已知/新型恶意代码的主动防御,降低操作系统完整性及可用性被破坏的风险。第四级安全设计技术要求同第三级安全设计技术要求。

【设计说明】

计算环境中的恶意代码防范,主要有部署传统的防恶意代码软件及采用主动免疫可信计算检验机制等方式。

1. 防恶意代码软件部署设计

防恶意代码软件的部署,可分为基于单机的恶意代码防护部署和基于网络的恶意代码防护部署。基于单机的恶意代码防护部署主要是指安装防恶意代码软件,注意及时更新恶意代码特征库即可。基于网络的恶意代码防护部署,是指在安全管理中心建立网络防恶意代码管理平台,实现恶意代码的集中监控与管理,集中监测整个网络的恶意代码,提供网络整体防恶意代码策略配置,在网络安全管理所涉及的重要部位或区域设置防恶意代码软件或设备,并在所有恶意代码能够进入的地方采取相应的防范措施。

2. 主动免疫可信计算检验机制设计

传统的基于特征库查杀恶意代码的方法不能查出新出现的恶意代码,而新病毒又不断出现,所以在入侵检测和恶意代码防范的要求中,重点明确了防恶意代码软件及防入侵软件应具有主动免疫可信机制。安全免疫体系作为可信计算的重要部分,也是我国在可信计算方面创新的集中体现。国外的 TCG 架构仅将可信平台模块(TPM)作为外部设备挂接在外部总线上,并未对计算机体系结构进行变更。在软件层面,可信软件栈(TSS)作为 TPS 的子程序库,仅可被动调用,无法进行动态主动度量。主动免疫体系则对传统的被动免疫体系进行了改进,能够在可信计算的基础上进一步提高系统的安全性。主动免疫体系架构图如图 4-11 所示。

主动免疫体系应采用对称密码与非对称密码相结合的密码体制作为其免疫基因。在主动度量控制芯片(TPCM)中植入可信根,在可信密码模块(TCM)的基础上增加了信任根控制功能,实现密码与控制的结合。将可信平台控制模块设计为可信计算控制节点,实现 TPCM 对平台的主动控制。同时在可信平台主板中增加可信度量节点,实现计算和可信双节点融合。在软件基础层采用宿主操作系统与可信软件基的双系统核心架构,通过在操作系统核心层并接一个可信的控制软件接管系统调用,在不改变应用软件的前提下实施主动防御。最后将主动防御的结果汇报至安全管理中心，实现安全事件的统一收集、集中处理。

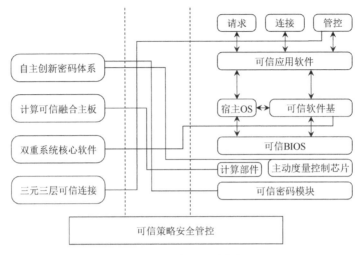

图 4-11　主动免疫体系架构图

由于实现主动免疫可信检验机制存在较大的难度，所以在无法构建主动免疫体系时，应采用安全策略来降低系统被攻击的风险。

1. 操作系统

为了避免多余组件和应用程序带来的安全风险，降低系统遭受攻击的可能性，通常需遵循最小安装原则，仅安装需要的组件和应用程序；关闭非必要的服务和默认共享；关闭非必要的高危端口；通过设定终端接入方式或网络地址范围对通过网络进行管理的管理终端进行限制。

2. 应用系统

应对用户的输入或通信接口传递的内容进行充分的数据有效性校验，以防范 SQL 注入等攻击。常用的方法有检查变量的数据类型和格式，对特殊符号进行过滤或转义处理等。

由于攻击者可能会利用操作系统和应用系统存在的安全漏洞对系统进行攻击，所以应定期进行漏洞扫描、渗透测试等工作，发现可能存在的漏洞，并进行分析和风险评估，综合评价漏洞的等级和影响程度，对高风险漏洞及时进行修补。

4.2　安全区域边界

4.2.1　区域边界访问控制

【安全设计技术要求】

第一级、第二级：无。

第三级：应在安全区域边界设置自主和强制访问控制机制，应对源及目标计算节点的身份、地址、端口和应用协议等进行可信验证，对进出安全区域边界的数据信息进行控制，阻止非授权访问。

第四级：同第三级。

【标准解读】

安全区域边界是网络安全域划分和明确安全控制单元的体现。网络的访问控制是指通过技术措施对网络资源访问的申请、批准和撤销全过程进行有效控制，从而确保网络资源只能被合法访问，且相应的访问只能执行授权的操作。网络访问控制主要功能包括：保证合法用户访问授权保护的网络资源；防止非法主体进入受保护的网络资源，或者防止合法用户对受保护的网络资源进行非授权的访问。在安全区域边界层面，访问控制主要通过在网络边界及各网络区域间部署访问控制设备，如路由器、交换机、无线接入网关、防火墙、网闸等提供访问控制功能的设备或相关安全组件等实现。

区域边界访问控制是《设计要求》从第三级系统开始提出的要求。第三级安全设计技术要求要求在安全区域边界设置自主和强制访问控制机制，主要实施对象是配置了访问控制策略的网络设备或网络安全设备，包括但不限于路由器、交换机、无线接入网关、防火墙、安全隔离网闸等提供访问控制功能的设备或相关安全组件。访问控制策略的目的是保证网络资源不被非法使用和访问，通过采取访问控制措施可以具备对网络、系统和应用的访问进行严格控制的能力，禁止非授权的访问。

第四级安全设计技术要求同第三级安全设计技术要求。

【设计说明】

网络访问控制首先需要对用户身份的合法性进行验证，同时利用控制策略进行管理，当用户身份和访问权限被验证之后，还需要对越权操作进行监控。在安全区域边界层面，访问控制主要通过在网络边界及各网络区域间部署访问控制设备实现。区域边界访问控制部署设施示意图如图 4-12 所示。

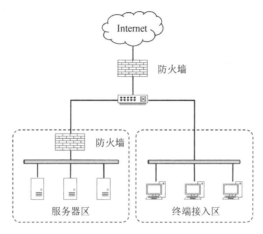

图 4-12　区域边界访问控制部署设施示意图

区域边界的访问控制，一般通过部署防火墙、安全隔离网闸等访问控制设备实现。防火墙是一种高级访问控制设备，它一般位于内部网络和外部网络之间，通过执行访问控制策略，对所有流经防火墙的数据包按照严格的安全规则进行过滤，对所有不安全的或不符合安全规则的数据包进行屏蔽和阻拦，只允许获得授权的数据包通过，从而杜绝越权访问，防止各类非法攻击行为。防火墙是内、外部网络通信安全过滤的主要途径，能够根据制定的访问规则对流经的信息进行监控和审查，从而保护内部网络不受外界的非法访问和攻击。

不同网络安全区域之间也可通过部署防火墙或 VLAN 隔离进行访问控制。在防火墙上配置安全策略，对跨越网络安全区域的访问进行控制，仅允许已知的业务访问；在核心交换机上设置访问控制策略，禁止终端接入用户对数据备份域、安全管理域的直接访问；对重要网段及设备进行 IP 地址与 MAC 地址绑定。

根据业务访问的需要对源地址、目的地址、源端口、目的端口和协议等进行管控，访问控制粒度达到端口级。仅开放业务需要的端口，禁止配置全通策略。保证区域边界访问控制设备安全策略的有效性，不同访问控制策略之间的逻辑关系及排列顺序应合理，访问控制策略之间不存在相互冲突、重叠或包含的情况。

4.2.2　区域边界包过滤

【安全设计技术要求】

第一级：可根据区域边界安全控制策略，通过检查数据包的源地址、目的地址、传输层协议和请求的服务等，确定是否允许该数据包通过该区域边界。

第二级：应根据区域边界安全控制策略，通过检查数据包的源地址、目的地址、传输层协议和请求的服务等，确定是否允许该数据包通过该区域边界。

第三级、第四级：同第二级。

【标准解读】

包过滤是指利用防火墙（路由器）技术监视并过滤网络上流入/流出的 IP 数据包，逐一审查包头信息，根据匹配规则决定 IP 数据包的发送或舍弃，以达到拒绝发送可疑包的目的。

区域边界包过滤应能够通过报文的源地址、目的地址、源端口、目的端口和协议等信息组合定义网络中的数据流。其中，源地址、目的地址、源端口、目的端口和协议就是在状态检测防火墙中经常提到的五元组。安全控制策略是按一定规则检查数据流是否可以通过访问控制设备的基本安全控制机制，规则的本质是包过滤，确定是否允许该数据包进出受保护的区域边界。

区域边界包过滤是《设计要求》从第一级系统开始提出的要求。第一级安全设计技术要求要求在区域边界访问控制设备上配置细粒度的访问控制策略，访问控制策略规则的基本匹配项应包括源地址、目的地址、源端口、目的端口和协议等相关配置参数。为确保访问控制策略中设定的相关配置参数有效，在设定访问控制策略时，管理员还需要厘清访问控制需求，设定逻辑清晰的、满足需要的、最少的访问控制策略，防止访问控制策略之间存在相互冲突、重叠或包含等情况。

第二级安全设计技术要求是要求性描述，第一级安全设计技术要求是陈述性描述，第二级安全设计技术要求比第一级安全设计技术要求的强制性更高。第三级和第四级安全设计技术要求同第二级安全设计技术要求。

【设计说明】

防火墙是进行区域边界访问控制包过滤策略的主要手段之一，包过滤防火墙主要工作在 OSI 网络参考模型的网络层和传输层，它根据数据包头的源地址、目的地址、端口号和协议类型等标志判断是否允许该数据包通过，只有满足过滤条件的数据包才会被转发到相应的目的地，其余数据包则被从数据流中丢弃。

　　防火墙作为访问控制设备部署在网络边界和区域边界，在内网与外网边界以及内网的不同网络边界之间进行访问控制。访问控制规则描述了防火墙允许或禁止访问的报文条件。防火墙接收到报文后，将按顺序匹配访问规则表中的规则，一旦匹配规则，则按照策略规定的操作处理该报文。如果不存在可匹配的访问规则，防火墙将根据默认设定属性处理该报文，安全的默认设定属性应该是禁止所有网络通信通过。防火墙部署设计示意图如图 4-13 所示。

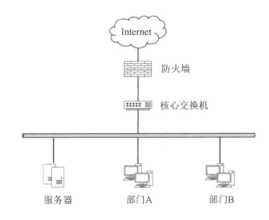

图 4-13　防火墙部署设计示意图

　　防火墙以网关模式部署在网络中，所有进入网络边界的流量都经过防火墙处理，通过在防火墙设计安全策略，设置 ACL 策略中的源地址、目的地址、源端口、目的端口和协议等相关配置参数，控制内、外网访问控制权限和不同安全级别的子网间的访问权限等。

4.2.3　区域边界安全审计

【安全设计技术要求】

　　第一级：无。

　　第二级：应在安全区域边界设置审计机制，并由安全管理中心统一管理。

　　第三级：应在安全区域边界设置审计机制，并由安全管理中心统一管理，**并对确认的违规行为及时报警**。

第四级：应在区域边界设置审计机制，通过安全管理中心集中管理，对确认的违规行为及时报警并做出相应处置。

【标准解读】

安全审计是指对计算机网络环境下的有关活动或行为进行系统的、独立的检查验证，并做出相应评价的措施，是提高系统安全性的重要举措。安全审计需要覆盖每个用户，审计记录应包括事件的日期和时间、用户、事件类型、事件是否成功及其他与审计相关的信息，以便网络管理员分析和掌控网络访问行为，对重要安全事件进行取证溯源。应定期审查安全事件的审计记录，分析系统中的异常事件或不恰当的操作行为，调查可疑活动或违法行为，向上报告审查结果，并采取必要行动。不同安全保护等级的信息系统对于区域边界安全审计有着不同的技术要求。

区域边界安全审计是《设计要求》从第二级系统开始提出的要求。第二级安全设计技术要求要求在安全区域边界设置安全审计机制，对日志进行收集分析。在信息系统中，常见的日志类型包括但不限于访问控制日志、入侵行为日志、恶意代码防范日志，以及数据库查询日志及网络中各类设备和应用系统的系统日志、访问日志、与业务相关的日志等。对于上述日志，在网络中应对其进行统一收集并由安全管理中心统一管理。区域边界的安全审计可通过在网络边界和重要网络节点设置安全审计机制实现，可利用区域边界所部署的设备（包括但不限于路由器、交换机、负载均衡等）自身的安全审计功能，将设备的审计记录上传至集中的日志审计系统或安全管理中心的审计管理功能模块，进行集中审计。安全审计还可通过在网络中部署网络安全综合审计系统实现，同时应由安全管理中心对通信网络的审计机制进行统一管理。

第三级安全设计技术要求在第二级安全设计技术要求的基础上增加了对日志中发现的违规行为进行确认，并提供报警机制对确认的违规行为进行报警的要求。第四级安全设计技术要求在第三级安全设计技术要求的基础上，要求对违规行为做出相应处置，以实现安全事件的集中收集、集中分析、集中告警、集中处理。

【设计说明】

区域边界安全审计需要重点考虑如何对各类日志进行集中收集、集中分析、集中告警、集中处理，可从两个方面进行设计。

1. 网络边界安全审计

网络边界安全审计一般利用网络边界所部署的安全防护设备自身的安全日志记录功能，对区域边界的行为进行记录、审计和进一步的关联分析，并将网络边界所部署的安全防护设备的安全事件记录日志上传至综合日志审计系统或安全管理中心的审计管理功能模块，进行集中审计，通常不需要在网络边界重新部署审计系统。例如，在网络边界防火墙或其他相关设备上配置安全审计策略，对用户访问业务系统的行为进行记录，将网络边界防火墙的审计记录实时传输至综合日志审计系统，结合应用系统和其他设备的审计记录进行关联分析，发现问题并及时告警。

2. 重要网络节点安全审计

重要网络节点安全审计可通过部署综合日志审计系统实现。综合日志审计系统部署示意图如图 4-14 所示。

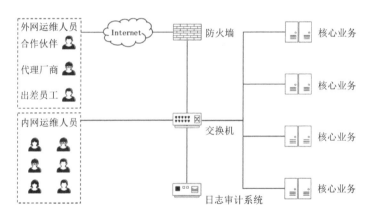

图 4-14　综合日志审计系统部署示意图

通过在重要网络节点部署综合日志审计系统，集中采集各类系统中的安全事件、用户访问记录、系统运行日志、系统运行状态、网络存取日志等各类信息，经过标准化、过滤、归并和告警分析等处理后，以统一格式的日志形式进行集中存储和管理。通过综合日志审计系统，相关人员可以了解整个重要网络节点的运行情况，及时发现系统异常事件及非法访问行为。

审计记录需要记录最为关键的内容，包括事件的时间、主体、类型、结果状态，这些信息对于事件的事后分析非常重要，信息的缺失会导致问题分析与定位的困难与不准确。

同时，应对审计记录进行保护、定期备份，避免其受到未预期的删除、修改或覆盖等。审计日志需要保存 6 个月以上，并应对审计进程进行保护，防止其受到未经授权的中断。

远程访问和访问互联网行为增加了网络安全风险，对于这两类网络访问行为应强化审计。通过部署具有审计功能的 VPN、运维审计系统和上网行为管理系统可以实现远程访问和对访问互联网行为的审计。具有审计功能的 VPN、运维审计系统为远程访问行为提供了授权管制、操作审计等重要安全措施。上网行为管理系统可以实现内部接入终端上网行为的审计，包括网页访问过滤、网络应用控制、带宽流量管理、信息收发审计、用户行为分析等。

4.2.4　区域边界恶意代码防范

【安全设计技术要求】

第一级：可在安全区域边界设置防恶意代码软件，并定期进行升级和更新，以防止恶意代码入侵。

第二级：可在安全区域边界设置**防恶意代码网关，由安全管理中心管理**。

第三级、第四级：无。

【标准解读】

恶意代码不仅可以通过设备介质传播，还可以通过网页、邮件等网络载体传播，并通过网络边界对网络内部的主机进行渗透和破坏。因此，除在服务器层面需要进行恶意代码防范外，还需要在网络层面进行恶意代码防范。当网络层面未设置恶意代码防范措施时，网络传播将成为恶意代码破坏系统的一大途径，导致系统受到恶意攻击的概率增加，因此在网络层面实施恶意代码防范对信息系统有至关重要的作用。

区域边界恶意代码防范是《设计要求》从第一级系统开始提出的要求。第一级安全设计技术要求要求在安全区域边界设置防恶意代码软件，对恶意代码进行检测和清除。另外，由于恶意代码具有特征变化快的特点，因此防恶意代码软件的恶意代码特征库要注意及时升级和更新。

第二级安全设计技术要求要求在安全区域边界设置防恶意代码网关对恶意代码进行检测和清除。在关键网络节点处部署防病毒网关、UTM 或其他集中管理的防恶意代码产品是恶意代码防范最直接和高效的办法。在区域边界进行恶意代码防范是对计算环境恶意代码防范的有效补充。

【设计说明】

通常在大型的信息系统应用环境中，比较典型的设计是在主机层面配置防恶意代码软件，而在网络层面配置网络恶意代码防范设备，并使用一套通用策略实施集中化管理。通过主机防御和网关防御双层保护，使得恶意代码进行破坏变困难，从而提供全方位的恶意代码防范服务。

比较典型的网络恶意代码防范设备的部署设计方式有网络边界部署和关键子网部署两种，一般和主机防恶意代码产品使用不同的恶意代码特征库。

1. 网络边界部署

网络边界部署是指在系统的网络边界部署恶意代码防范设备，并及时更新防恶意代码产品的恶意代码特征库。典型的网络边界部署设计拓扑图如图 4-15 所示。

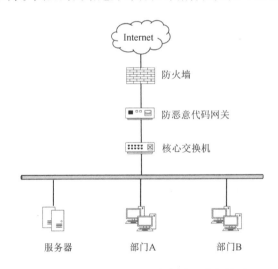

图 4-15 典型的网络边界部署设计拓扑图

由于网络恶意代码往往先从网络入口处侵入内部网络，将防恶意代码网关部署在网络边界入口处可在恶意代码进入网络并阻塞网络之前就予以扫描和清除。网络边界出口处也是部署防恶意代码网关比较有效的位置，常见的做法是将防恶意代码网关部署在防火墙和核心交换机之间。

防恶意代码网关的主要功能是对从外部网络进入用户内部网络的病毒进行过滤，一般对 HTTP、HTTSP、FTP、IMAP、POP3 和 SMTP 等协议进行过滤，在恶意代码程序到达主机之前将其拦截，从而防止恶意代码在网络上蔓延。邮件防病毒网关还能够过滤邮件内容，支持对邮件标题、文本、HTML、附件（文本、HTML、Zip 压缩包等）等的病毒过滤，防止垃圾邮件的干扰。因为防恶意代码网关需要通过不断更新恶意代码特征库来保证对恶意代码检测的及时性，所以防恶意代码网关还应具备远程更新、手动本地更新等功能，实现恶意代码特征库和检测系统及时更新的能力。

2. 关键子网部署

在安全保护等级较高的信息系统中，对于重要部位的网络安全区域，也应在必要时对关键子网进行独立的恶意代码防范。典型的关键子网部署设计拓扑图如图 4-16 所示。

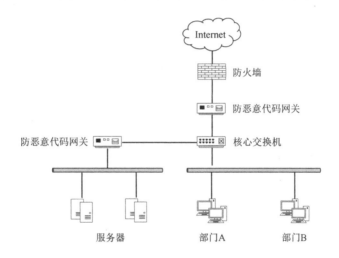

图 4-16 典型的关键子网部署设计拓扑图

核心服务器区对网络安全等级保护的要求较高，除在网络边界出口处部署防恶意代码网关外，还应在核心服务器区边界部署不同厂商的防恶意代码网关，以实现对核心服务器区的多层防护。

4.2.5 区域边界完整性保护

【安全设计技术要求】

第一级：无。

第二级：应在区域边界设置探测器，探测非法外联等行为，并及时报告安全管理中心。

第三级：应在区域边界设置探测器，如外接探测软件，探测非法外联和**入侵行为**，并及时报告安全管理中心。

第四级：同第三级。

【标准解读】

网络边界是企业内部信息系统和外界数据交互的边界区域，是保障数据安全的第一道屏障。可以通过在网络边界处部署访问控制设备，启用安全策略，配置指定通信端口，对跨越边界的网络通信进行控制。

区域边界完整性保护是构建网络边界安全的重要一环，主要包括对内部用户非法连接外部网络的行为、非授权设备非法连接内部网络的行为进行检查，保证网络访问控制体系的完整性和有效性。对非法连接内部网络的行为进行定位和分析，能够有效地发现绕过区域边界防护措施对内部网络直接进行突破的问题。对非法连接外部网络的行为进行探测，主要是为了降低内部敏感信息由于私自外联被有意或无意泄露的可能性。

区域边界完整性保护是《设计要求》从第二级系统开始提出的要求。第二级安全设计技术要求要求在安全区域边界采取措施对内部用户非授权连接外部网络的行为进行监测，并将监测结果报告至安全管理中心。此处主要针对的是网络内部的各类设备未经过预先设计好的安全路径访问其他网络或互联网的行为，如代理服务器、出口设备配置策略存在漏洞，内部设备连接了具有访问其他网络功能的装置等。阻断内网用户私自连接到外部网络的方法有关闭网络设备未使用的端口和采用非法外联监控产品等。例如，部署终端安全管理系统或其他技术措施，对非法外联行为进行监控、检查和报警。通过"非法外联"监控的管理，可以防止用户访问未授权的外部网络资源，并防止由于访问未授权的外部网络资源而引入安全风险，如信息泄露。

第四级安全设计技术要求同第三级安全设计技术要求，在第二级安全设计技术要求的基础上增加了对外部用户非法入侵内部网络的行为进行监测，并将相关结果汇报至安全管理中心的要求。为了有效防止未授权设备接入内部网络，从而对核心数据造成威胁，可以采取的技术措施有网络接入控制系统、终端安全管理系统、关闭网络设备未使用的端口和IP/MAC/端口/地址绑定等。

【设计说明】

安全区域边界的完整性保护设计主要包括两个方面：第二级至第四级安全设计技术要

求要求限制内部用户非授权连接外部网络的行为；第三级到第四级安全设计技术要求要求防止未授权设备接入内部网络，限制外部对内部网络的入侵行为。非法外联和非法准入一般通过终端安全管理系统、网络准入控制系统、关闭网络设备未使用的端口和 IP/MAC/端口/地址绑定等技术措施实现，外部对内部网络的入侵行为一般可通过防火墙、入侵检测/防御系统、网络安全态势感知模块等进行检测。下面分别对涉及的产品和技术措施进行设计说明。

1. 非法外联和准入控制设计

（1）终端安全管理系统

终端安全管理系统一般可分为服务端软件系统和客户端软件系统两部分。服务端软件主要用于网络集中监控管理，包括客户端安全策略配发管理、系统配置、日志审计、非法外联、准入控制和非法入侵报警等；客户端软件系统在每次启动系统时自动在后台运行，未经管理策略允许无法强制删除、卸载、终止和关闭。

（2）网络接入控制系统

网络接入控制的类型主要有基于硬件的网络接入控制、基于代理的网络接入控制、无代理的网络接入控制和动态网络接入控制等。

其中，基于硬件的网络接入控制通常是依靠一台位于交换机上游的设备来实现的；基于代理的网络接入控制是通过安装维护一个端点应用程序来实现的；无代理的网络接入控制不需要安装任何代理，通过将端点的漏洞扫描等结果发送给服务器来实现；动态网络接入控制是指将代理安装在可信赖的系统中，强制执行安全防护功能，当未授权终端试图访问该网络时，这些代理可以先限制其网络通信，然后进行诊断来实现网络接入安全。

（3）关闭网络设备未使用的端口

在网络技术中，端口可分为逻辑意义上的端口和物理意义上的端口两大类。其中，逻辑意义上的端口一般是指 TCP/IP 协议中的端口，而物理意义上的端口一般是指路由器、交换机等设备与其他网络设备连接的物理接口。这些端口在不使用时会对网络系统造成一定的安全隐患，所以应该尽可能地关闭网络设备未使用的端口。

（4）IP/MAC/端口/地址绑定

在交换机上配置 IP/MAC/端口/地址绑定策略，可以防止外部人员非法盗用 IP 地址冒充内部人员，在一定程度上可以阻断非授权设备连入内部网络。

2. 防范外部对内部网络入侵的设计

外部对内部网络的入侵主要包含如下场景：外部对出口设备的攻击（如 DDoS、设备自身漏洞等）、外部对暴露在外部网络的设备的攻击（如应用系统漏洞、SQL 注入、CSRF 等）、外部通过内部设备对内部网络的攻击（如 APT 攻击等）。为了避免此类情况的发生，可采取如下措施。

网络架构设计：在网络架构设计环节，应充分考虑入侵行为的来源及防范措施，如在各个区域出口及互联网出口部署带有入侵防御功能的防火墙设备。对于外部网络带宽较大的情况，可通过在出口部署专用的负载均衡设备及抗 DDoS 设备防范来自互联网的大流量攻击。

网络安全态势感知设计：通过部署网络安全态势感知系统及时发现业务系统隐患，并进行事前预警，结合内、外部情报，提供更加准确和及时的安全分析。同时，引入攻击链模型分析机制。攻击链是从侦查、渗透、攻陷、控制到破坏一整套的攻击流程，利用最新的感知模型和可视化技术对分析结果进行多维度、多视角、高细粒度的集中态势呈现，帮助用户掌控实时安全态势，动态感知隐患、威胁和风险，实现威胁分析能力，包括威胁目标分析、威胁源分析、攻击过程分析、影响及危害程度分析及风险分析等，并根据用户业务特点进行态势感知可视化呈现。

加强网络内部的防护：对于区域间及区域内部的攻击，可通过部署终端检测响应类设备进行防御。

4.2.6　可信验证

【安全设计技术要求】

第一级：可基于可信根对区域边界计算节点的 BIOS、引导程序、操作系统内核等进行可信验证，并在检测到其可信性受到破坏后进行报警。

第二级：可基于可信根对区域边界计算节点的 BIOS、引导程序、操作系统内核、**区域边界安全管控程序**等进行可信验证，并在检测到其可信性受到破坏后进行报警，**并将验证结果形成审计记录**。

第三级：可基于可信根对计算节点的 BIOS、引导程序、操作系统内核、区域边界安全管控程序等进行可信验证，**并在区域边界设备运行过程中定期对程序内存空间、操作系统内核关键内存区域等执行资源进行可信验证，并在检测到其可信性受到破坏时采取措施恢复**，并将验证结果形成审计记录，**送至管理中心**。

第四级：可基于可信根对计算节点的 BIOS、引导程序、操作系统内核、**安全管控程序**等进行可信验证，并在区域边界设备运行过程中**实时地**对程序内存空间、操作系统关键内存区域等执行资源进行可信验证，并在检测到其可信性受到破坏时采取措施恢复，并将验证结果形成审计记录，送至管理中心，**进行动态关联感知**。

【标准解读】

区域边界的可信验证和计算环境的可信验证一样，从第一级至第四级安全设计技术要求均提出了相关要求。

第二级安全设计技术要求要求通过采用基于可信根支撑的边界设备，包括但不限于可信防火墙、可信安全网关等，并对边界设备的 BIOS、引导程序、操作系统内核、安全管控程序等进行完整性度量和报告，在检测到其可信性受到破坏后进行报警，将可信验证结果形成审计记录。

第一级安全设计技术要求是安全要求，属于静态的可信，仅需基于可信根对 BIOS、引导程序、操作系统内核等进行可信验证和报警。第三级安全设计技术要求在第二级安全设计技术要求的基础上新增了动态可信验证的要求，动态可信验证要求在应用程序执行的同时进行安全防护，计算全程可测可控，不被干扰，使计算结果总是与预期一致，在检测到其可信性受到破坏后进行报警，并将验证结果形成审计记录送至安全管理中心。第四级安全设计技术要求在第三级安全设计技术要求的基础上，新增了动态关联感知的要求。

【设计说明】

边界设备同计算设备一样，也需要基于可信根对边界设备的 BIOS、引导程序、系统程序、重要配置参数和边界防护应用程序等进行可信验证。但由于可信计算生态及产业的限制，当前产业界关于边界设备只有架构和相关技术，具体方案设计可视实际需求选择是否应用。可信边界设备可通过静态及动态可信计算技术进行可信验证。

动态可信验证机制的验证过程主要涉及三项内容：首先是检测被验证方的身份，每个网络节点都必须配置相同的 TPM 芯片，该芯片在出厂的时候就有一系列证书可以证明其身份；其次是检查配置信息列表的完整性，通过 PCR 对比完成；最后是检测特征数据库，在检测特征数据库使用的过程中，需要根据实际需求对其进行扩展和更新。

动态可信验证主要采用远程证明（Remote Attestation，RA）的方式实现，即在远程服务器端检查目标计算机的可信情况。具体实现为远程证明服务器（RA Server）利用部署在目标计算机上的远程证明客户端（RA Client）收集 TPM 中记录的计算机状态数据（PCR值），并在服务器端与对应的软件参考基准值进行比对，根据计算机状态是否可信采取下一步的行动。由于数据的校验是放在服务器端进行的，即使目标机软件被篡改、植入也无法影响服务器端的程序运行，因此，这个特性可以避免本地证明可信度较低的问题。远程证明是通过"挑战—应答"协议来实现的。一个平台（挑战者 RA Server）向另一个平台（证明者 RA Client）发送一个挑战证明的消息和一个随机数（Nonce），要求获得一个或多个 PCR 值对证明者的平台状态进行证明。网络设备操作系统的 RA Client 将 BIOS、引导区、Kernel、业务系统及各个平面的度量结果（PCR 值），发送给 RA Server 端，RA Server端将发送过来的 PCR 值与本地存储的可信参考值比较，如果不一致，则认为该 RA Client所在实例的状态是不可信的，并将可信状态进行报告。

4.3　安全通信网络

4.3.1　通信网络安全审计

【安全设计技术要求】

第一级：无。

第二级：应在安全通信网络设置审计机制，由安全管理中心管理。

第三级：应在安全通信网络设置审计机制，由安全管理中心集中管理，**并对确认的违规行为进行报警**。

第四级：应在安全通信网络设置审计机制，由安全管理中心集中管理，并对确认的违规行为进行报警，**且做出相应处置**。

【标准解读】

安全审计是将主体对客体进行的访问和使用情况进行记录和审查，以保证安全规则被正确执行，并帮助分析安全事件产生的原因。安全审计可有效震慑潜在的攻击者，对已经发生的系统破坏和数据泄露事件提供有效的追溯依据，并能够帮助管理者及时发现系统入侵行为和潜在的安全漏洞。

通信网络安全审计是《设计要求》从第二级系统开始提出的要求。第二级安全设计技术要求要求对通信网络设置安全审计机制，一般可通过网络通信设备（包括但不限于路由器、交换机、负载均衡设备等）自身的安全审计，或者通过部署网络安全综合审计系统实现，同时通信网络的审计机制应由安全管理中心进行统一管理。

第三级安全设计技术要求在第二级安全设计技术要求的基础上增加了对确认的违规行为进行报警的要求，从而降低系统被非法入侵的概率。第四级安全设计技术要求在第三级安全设计技术要求的基础上除了要求对违规行为进行告警，还要求对违规行为进行处置。

【设计说明】

1. 网络设备自身安全审计

（1）路由器审计管理

首先，需要开启路由器自身的系统日志功能，以完成对路由器自身的运行状态、网络流量等的监测和记录；其次，应该开启路由器的审计功能，以记录事件的日志、用户、事件类型和成功与否等审计相关的信息；最后，应该能对分析审计记录得到的审计报表进行保护，保证其不会被删除、修改等。

（2）交换机审计管理

交换机的审计管理和路由器的审计管理内容相似，可采取与路由器相似的方法进行日志信息的保护和分析等，在此不再赘述。

（3）其他网络通信设备审计管理

其他网络通信设备的审计管理和路由器的审计管理内容相似，可采取与路由器相似的方法进行日志信息的保护和分析等，在此不再赘述。

2. 网络安全综合审计系统审计管理

网络安全综合审计系统可以对网络中的设备和系统运行过程中产生的信息进行实时采集和分析，同时可以对各种软硬件系统的运行状态进行监测。当发生异常情况时，网络安全综合审计系统可以立即发出警告信息，并向网络管理员提供详细的审计报告和异常分析报告，让网络管理员可以及时发现系统的安全隐患，以采取有效措施来保护网络系统安全。网络安全综合审计系统部署设计图如图 4-17 所示。

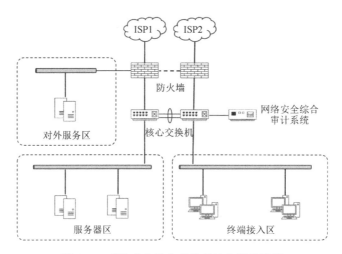

图 4-17　网络安全综合审计系统部署设计图

通过部署网络安全综合审计系统，可对核心交换机上的用户访问流量和业务交互流量进行审计。同时，应将收集到的网络设备和安全设备产生的管理日志及设备运行日志传输至安全管理中心进行审计。审计日志需要保存 6 个月以上，同时应对审计进程进行保护，防止其受到未经授权的中断。

网络安全综合审计系统以旁路模式部署在组织网络中，与交换机镜像端口相连，网络安全综合审计系统获得的是链路中数据的"拷贝"，主要用于监听、审计局域网中的数据流及用户的网络行为。

4.3.2　通信网络数据传输完整性保护

【安全设计技术要求】

第一级：可采用由密码等技术支持的完整性校验机制，以实现通信网络数据传输完整性保护。

第二级：同第一级。

第三级：应采用由密码等技术支持的完整性校验机制，以实现通信网络数据传输完整性保护，**并在发现完整性被破坏时进行恢复**。

第四级：同第三级。

【标准解读】

由于网络传输往往会经过一些中间传输节点并且网络协议一般具有标准、公开的特点，因此很容易遭受恶意篡改。对于这种情况需要采用具有一定强度的密码技术才能防止恶意篡改的发生。在传输中使用一定强度的密码技术，使得中间节点无法篡改传输内容或在其篡改后可以被发现，从而保证数据传输完整性。数据传输完整性是指在通信传输过程中，信息或数据不被未授权地篡改或在篡改后能够被迅速发现。数据传输完整性保护一般可通过消息验证码（Message Authentication Code，MAC）实现，MAC 广泛应用于各类网络协议，如 IPSec、SSL/TLS、SSH、SNMP 等。MAC 算法的一种主要构造方法是哈希算法，也称散列算法，就是将任意长度的消息压缩成某一固定长度的消息摘要。哈希算法通常和密钥结合使用，既可有效保障数据的完整性，又可对用户进行验证。

通信网络数据传输完整性保护是《设计要求》从第一级系统开始提出的要求。第一级和第二级安全设计技术要求提出，可采用由密码等技术支持的完整性校验机制实现通信网络数据传输完整性保护。在通信网络数据的传输过程中，根据通信网络位置的不同，可分为内部数据传输完整性保护和外部数据传输完整性保护。对于内部数据传输完整性保护，一般可通过 PKI/CA 平台体系中的完整性校验功能、数字签名等密码技术，保证通信过程中的数据传输完整性；对于外部数据传输完整性保护，可通过采用支持国产密码算法技术的 VPN 技术对广域通信链路中传输的信息进行加密保护，提高外网通信网络数据的网络传输安全性，VPN 网关对数据源可进行完整性校验。

第三级安全设计技术要求同第四级安全设计技术要求，在第一级和第二级安全设计技术要求的基础上增加了发现通信传输完整性被破坏时进行恢复的要求，即除了提供完整性校验机制，还应提供其他机制，以在发现数据完整性受到破坏时可对其进行恢复。

【设计说明】

在目前的实践中，安全通信网络中的数据传输完整性常常不作为单独的功能实现，而是作为数据传输保密性的一部分实现。数据传输完整性的实现一般会明确完整性传输的范围和完整性传输使用的设备、算法。

明确完整性传输的范围：明确网络架构中哪些部分需要进行通信完整性检查。常见的数据传输主要包括内部网络区域与外部网络之间的传输（包括互联网、其他外部线路等）、可信任的内部网络区域与不可信任的内部网络区域之间的传输（如总部与分支机构之间的数据传输）、可信任的内部网络区域之间的传输（如数据中心之间的数据传输），以及敏感数据的传输等。

明确完整性传输使用的设备、算法：在明确完整性传输范围的基础上，需要明确完整性传输使用的设备、算法。目前使用最为广泛的设备为 SSL VPN 设备与 IPSec VPN 设备。对于端点之间的通信，一般通过部署 IPSec VPN 设备实现；对于移动用户的远程接入，一般通过部署 SSL VPN 实现。目前使用最为广泛的方式为杂凑（Hashing）算法，常见的算法如 MD5、SHA-1、SHA-256、SHA-512、SM3 等。由于 MD5 和 SHA-1 的安全性较低，因此建议使用支持 SHA-256、SHA-512 及 SM3 算法的设备。

明确完整性传输的范围和完整性传输使用的设备、算法后，即可对内部数据传输完整性保护和外部数据传输完整性保护进行设计。

1. 内部数据传输完整性保护设计

对于内部数据传输，如通过应用客户端访问应用系统，可采用 PKI/CA 体系中的数字签名技术、完整性校验功能进行完整性检查，以保障通信网络数据传输完整性。

数字签名技术是将摘要信息用发送者的私钥加密后，与原文一起传送给接收者的技术。接收者只有用发送者的公钥才能解密被加密的摘要信息，然后用哈希算法对收到的原文产生一个摘要信息，与解密的摘要信息对比。如果相同，则说明收到的信息是完整的，在传输过程中没有被修改，否则说明信息被修改过，因此数字签名能够验证信息的完整性。数字签名是一个加密的过程，数字签名验证是一个解密的过程。数字签名流程示意图如图 4-18 所示。

图 4-18　数字签名流程示意图

部署数字签名服务器，当用户提交敏感操作或敏感数据时，客户端签名软件将调用相关接口对敏感操作、敏感数据产生数字签名。在数字签名传入应用系统后，应用系统会调用签名中间件接口，将签名信息传入签名服务器完成数字签名验证，并返回验证结果。应用系统根据验证结果完成后续业务逻辑操作。

数字签名服务除了能够满足用户签名，还可以提供系统间身份认证及交互数据的数字签名功能，满足系统间的强身份认证需求及保证数据完整有效。

2．外部数据传输完整性保护设计

外部数据传输完整性保护，可通过采用 VPN 技术对广域通信链路中传输的信息进行加密保护。外部数据传输 VPN 部署设计示意图如图 4-19 所示。

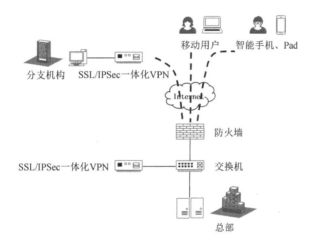

图 4-19　外部数据传输 VPN 部署设计示意图

在总部部署支持 SM3 算法的 SSL VPN 设备，用于在移动用户访问内部网络时保证数据在互联网中传输的保密性。部署 SSL 设备，对内部的应用进行 SSL 加密，可以保证应用系统数据在传输过程中的完整性。在总部和分支机构部署支持 SHA-256、SM3 算法的 IPSec VPN 设备，实现总部与其他分支机构的安全访问。对于部署了与总部直连专线的机构，也可通过在两端部署 IPSec VPN 设备建立安全隧道，实现加密访问，保证数据在传输过程中的完整性。

4.3.3　通信网络数据传输保密性保护

【安全设计技术要求】

第一级：无。

第二级：可采用由密码等技术支持的保密性保护机制，以实现通信网络数据传输保密性保护。

第三级：应采用由密码等技术支持的保密性保护机制，以实现通信网络数据传输保密性保护。

第四级：采用由密码等技术支持的保密性保护机制，以实现通信网络数据传输保密性保护。

【标准解读】

数据的保密性是指有用信息（包括但不限于身份鉴别信息、重要配置信息、重要业务数据信息）不会被泄露给非授权用户。通信网络数据在传输过程中面临被中断、复制、篡改、伪造、窃听和监视等风险，因此要对传输数据进行加密，并使用安全的传输协议保证通信网络数据在传输过程中的保密性。

通信网络数据传输保密性保护是《设计要求》从第二级系统开始提出的要求。第二级安全设计技术要求要求采用由密码等技术支持的保密性保护机制，实现通信网络数据传输保密性保护。在通信网络数据的传输加密过程中，根据通信网络位置的不同，可分为内部数据传输加密和外部数据传输加密。对于内部数据传输加密，一般可通过 HTTPS、SSH 或有数据加密措施的私有安全协议进行通信，以实现通信过程中数据传输保密性保护。对于外部数据传输加密，应确保整个报文或会话的保密性，一般可通过 VPN、网络密码机等技术措施实现。

第三级和第四级安全设计技术要求在第二级安全设计技术要求的基础上，强调应采用密码等技术支持的保密性保护机制，以实现通信网络数据传输保密性保护。

【设计说明】

对于外部通信网络数据传输，可采用支持国产密码算法技术的 VPN 技术对广域通信链路中传输的信息进行加密保护，提高外部通信网络数据的网络传输安全性。VPN 是在公用网络上建立专用网络的技术，它是涵盖了跨共享网络或公共网络的具有封装、加密和身份验证功能的专用网络的扩展，主要采用了隧道技术、加解密技术、密钥管理技术和使用者与设备身份认证技术。

IPSec/SSL VPN 部署设计图如图 4-20 所示。

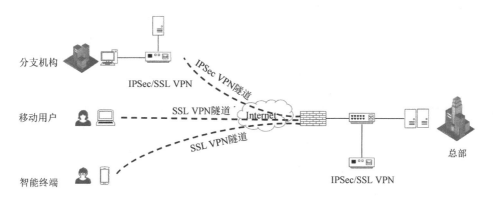

图 4-20　IPSec/SSL VPN 部署设计图

IPSec 协议通过在特定通信方之间（如总部和分支机构之间）建立"通道"来保护通信方之间传输的用户数据，该通道通常被称为 IPsec VPN 隧道。IPSec VPN 网关设备基于 IPSec 协议在通信双方之间建立 IPSec VPN 隧道，实现业务数据的安全传输。IPSec 协议支持认证及加密机制，认证机制使数据接收方能够确认数据发送方的真实身份及数据在传输过程中是否遭到篡改；加密机制通过对数据进行加密运算来保证数据的机密性，以防数据在传输过程中被窃听。

SSL VPN 可以提供安全、快捷的远程网络接入服务，并适合移动接入。用户可以使用移动客户端在任意能够访问互联网的位置安全地接入内部网络，访问内部网络的共享资源。SSL VPN 服务通过 SSL VPN 网关提供。SSL VPN 网关远程接入用户和内部网络之间，负责在二者之间转发报文。

4.3.4　可信连接验证

【安全设计技术要求】

第一级：通信节点应采用具有网络可信连接保护功能的系统软件或可信根支撑的信息技术产品，在设备连接网络时，对源和目标平台身份进行可信验证。

第二级：通信节点应采用具有网络可信连接保护功能的系统软件或可信根支撑的信息技术产品，在设备连接网络时，对源和目标平台身份、**执行程序**进行可信验证，**并将验证结果形成审计记录**。

第三级：通信节点应采用具有网络可信连接保护功能的系统软件或可信根支撑的信息

技术产品，在设备连接网络时，对源和目标平台身份、执行程序及其**关键执行环节的执行资源**进行可信验证，并将验证结果形成审计记录，**送至管理中心**。

第四级：**应采用具有网络可信连接保护功能的系统软件或具有相应功能的信息技术产品，在设备连接网络时，对源和目标平台身份、执行程序及其所有执行环节的执行资源**进行可信验证，并将验证结果形成审计记录，送至管理中心，**进行动态关联感知**。

【标准解读】

安全通信网络中的可信连接验证设计技术要求同安全计算环境、安全区域边界中可信验证要求，目的是解决通信节点设备自身安全防护不足的问题。

第二级安全设计技术要求要求采用基于可信根支撑的通信设备，包括但不限于可信路由器、可信交换机、可信接入网关等设备，在通信设备连接网络时，对源和目标平台身份、执行程序进行可信验证，并将可信验证结果形成审计记录。

其中第一级安全设计技术要求相对于第二级安全设计技术要求，属于静态的可信，通信设备连接网络时，只需要对源和目标平台身份进行可信验证。

第三级安全设计技术要求在第二级安全设计技术要求的基础上，新增了对执行程序在关键执行环节对执行资源动态可信验证的要求，动态可信验证要求在应用程序执行的同时进行安全防护，计算全程可测可控、不被干扰，使计算结果总是与预期一致，并将验证结果形成审计记录送至管理中心。

第四级安全设计技术要求在第三级安全设计技术要求的基础上，要求对执行程序在所有执行环节对执行资源进行动态可信验证，并新增了动态关联感知的要求。

【设计说明】

通信设备同计算、边界设备一样，也需要基于可信根对通信设备的源和目标平台身份、执行程序及其执行环节的执行资源进行可信验证。当前产业界关于通信设备和边界设备只有架构及相关技术，受限于可信计算生态及产业，具体方案设计可视实际需求选择是否应用。可信边界设备可通过静态及动态可信计算技术进行可信验证。

基于可信根支撑的通信节点设计说明可参见以上安全计算环境和安全区域边界部分关于可信验证的相关章节。

4.4　安全管理中心

4.4.1　系统管理

【安全设计技术要求】

第一级：无。

第二级：**可通过系统管理员对系统的资源和运行进行配置、控制和可信管理，包括用户身份、可信证书、可信基准库、系统资源配置、系统加载和启动、系统运行的异常处理、数据和设备的备份与恢复以及恶意代码防范等。**

应对系统管理员进行身份鉴别，只允许其通过特定的命令或操作界面进行系统管理操作，并对这些操作进行审计。

第三级：可通过系统管理员对系统的资源和运行进行配置、控制和可信**及密码**管理，包括用户身份、可信证书**及密钥**、可信基准库、系统资源配置、系统加载和启动、系统运行的异常处理、数据和设备的备份与恢复等。

应对系统管理员进行身份鉴别，只允许其通过特定的命令或操作界面进行系统管理操作，并对这些操作进行审计。

第四级：同第二级。

【标准解读】

系统管理指由已确定的系统管理员对整个系统运行的管理，包括用户身份、可信基准库、系统资源配置等。系统管理员充分利用权限及资源处理系统运行异常，管理数据和设备的备份及进行恶意代码防范等，以保证系统能够正常、平稳地运行。

第二级及以上级别的系统应具备安全管理中心，在实际中，系统管理员可能会因为无意操作造成数据丢失、业务故障，黑客也可能远程进入主机进行有意的数据窃取、数据篡改等。为避免上述问题，一方面，应设置多种角色，包括但不限于系统管理员、审计管理员、安全管理员，每种角色的权限不同；另一方面，应采用多种认证方式和加密应用。

系统管理是《设计要求》从第二级系统开始提出的要求，系统管理对应系统构成中的系统支撑，如可通过部署基于可信计算技术的操作系统免疫保护平台进行配置、控制和可信管理，阻止未授权及不符合预期的执行程序运行，实现对已知、新型恶意代码的主动防御，实现计算设备的内核级系统监控、文件可信校验、动态度量、可信网络连接及可信审计等功能，进而实现系统管理员对系统的资源和运行的配置、对可信软件的管控及对密码的管理，包括用户身份、可信证书、可信基准库、系统资源配置、系统加载和启动、系统运行的异常处理、数据和设备的备份与恢复等。

针对系统管理员需要进行身份鉴别的要求，可根据等级保护对象确定用户类别（如自然人、终端设备、软件应用等）和鉴别机制，如双因素、挑战应答等；选择鉴别方式，如口令、USB Key、生物特征等；建立鉴别数据，如创建账户、设置初始密钥、建立指纹数据库等；根据选定的安全级别要求设置口令复杂度和选择防窃听措施（如 HTTPS、SSH 等），完成鉴别过程。同时，对系统管理员的权限进行控制，要求只允许通过特定的命令（SSH、TELNET）或操作界面（HTTPS、HTTP）进行系统管理操作，所有的系统管理操作全部需要进行审计。系统需要提供存储、管理和查询审计用户信息（如自然人姓名、主账号、从账号等）、事件信息（如事件编号、操作时间、事实源 IP 地址和端口、操作类型、操作名称、操作内容、操作结果、敏感级别、事件级别等）、资源信息（如 IP 地址、资源类型、资源组等）等功能，且审计内容需要保存至少 6 个月以上。

第三级安全设计技术要求在第二级安全设计技术要求的基础上增加了通过系统管理员对系统密码进行管理的要求。第四级安全设计技术要求同第二级安全设计技术要求。

【设计说明】

系统管理主要负责系统的日常运行维护工作。为了保障网络和数据不受来自内、外部的入侵和破坏，通常情况下会使用运维审计系统（堡垒机）或基于可信计算技术的操作系统免疫保护平台（可信安全管理平台）。

1. 运维审计系统部署设计

通过运维审计系统切断计算机终端对网络和服务器资源的直接访问，转为采用协议代理进行访问的方式。在这种情况下，运维终端对目标资源的访问均需要经过运维审计系统，运维审计系统接管了运维终端对目标资源的直接访问。通过在安全管理区（见图 4-21）中部署运维审计系统，可将重要信息系统资产纳入运维管理系统的管理范围。系统管理员通过使用运维审计系统对系统的资源和运行进行配置、控制及管理，包括用户身份管理、系统资源配置、系统加载和启动、系统运行的异常处理，以及支持管理本地和异地灾难备份与恢复等。堡垒机部署示意图如图 4-22 所示。

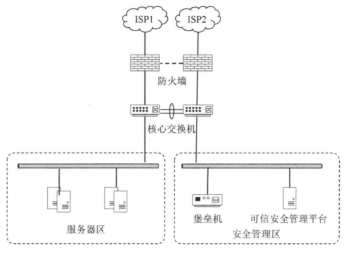

图 4-21　安全管理区

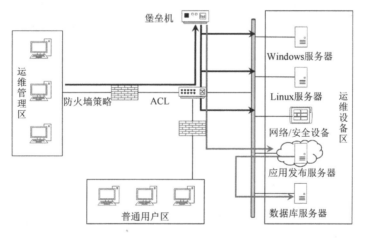

图 4-22　堡垒机部署示意图

2. 基于可信计算技术的操作系统免疫保护平台部署设计

操作系统免疫保护平台由可信安全管理平台、可信软件基、可信软件库、可信芯片组成，实现对接入终端的策略、资源的统一管理，以及对审计记录的统计与分析。

（1）统一管理

采用 B/S 管理模式，对系统中的所有终端进行统一管理，包括终端注册、注销、资源监测、终端身份证书、策略、审计分析。

（2）策略管理

对一个终端或一组终端进行策略管理（增加、删除、下发），包括静态度量策略、动态度量策略、自主访问控制策略、强制访问控制策略、外设控制等。

（3）审计管理

审计管理是指终端审计、可信软件库和可信安全管理平台自身审计的展示、查询。

（4）分级管理

采用可支持分级分域的管理架构，支持不同等级的安全管理平台，每级安全管理平台负责管理本级本区域的可信终端，上级可根据需要调用任何下级审计信息。

（5）三权分立

采用三权分立管理模式，将管理员划分为系统管理员、安全管理员、安全审计员。系统管理员负责对用户身份、平台身份、系统资源等进行管理；安全管理员负责终端安全策略的配置等；安全审计员负责制定审计策略、查看审计记录等。通过"三权分立"的管理模式，使得系统中的不同角色各司其职，相互制约，共同保障信息系统的安全。

4.4.2　安全管理

【安全设计技术要求】

第一级、第二级：无。

第三级：**应通过安全管理员对系统中的主体、客体进行统一标记，对主体进行授权，配置可信验证策略，维护策略库和度量值库。**

应对安全管理员进行身份鉴别，只允许其通过特定的命令或操作界面进行安全管理操作，并进行审计。

第四级：**应通过安全管理员对系统中的主体、客体进行统一标记，对主体进行授权，配置可信验证策略，并确保标记、授权和安全策略的数据完整性。**

应对安全管理员进行身份鉴别，只允许其通过特定的命令或操作界面进行安全管理操作，并进行审计。

【标准解读】

安全管理指由已确定的安全管理员对系统的安全运行及防护的管理，主要体现为对安全管理员自身及其职能特定权限的约束。

安全管理主要负责实现系统的统一身份管理、统一授权管理，配置一致的安全策略，对相关安全事项进行集中管理和分析，实现对安全事件的监测与分析。

安全管理是《设计要求》从第三级系统开始提出的要求，要求采用强制访问控制机制对系统中的主体、客体进行统一标记，对主体进行授权。强制访问控制机制的核心是为主体、客体做标记，根据标记的安全级别，参照策略模型决定访问控制权限，保证数据的单向流动。客体是一种既包含信息，又可以被访问的实体（文件、目录、记录、程序、网络节点等）。主体是一种可以操作客体，使信息在客体之间流动的实体（进程或用户）。通常，主体也是一个客体。因为当一个程序存放在内存或硬盘上时，它就与其他数据一样被当作客体，可供其他主体访问，但当这个程序运行起来去访问别的客体时，它就成了主体。安全标记可能是安全级别或其他用于策略判断的标记。

安全管理中心通过安全管理员账号，根据权限进行操作并对操作进行审计，主要用于对全网设备、安全事件、安全策略进行统一且集中的监控、调度、预警和管理。系统中的主体、客体应进行统一标记，对主体进行授权，配置可信验证策略，维护策略库和度量值库。相对于第三级系统，第四级系统增加了确保标记、授权和安全策略的数据完整性的措施。

安全管理中心的安全管理员通过账号登录时需要使用密码、证书等身份鉴别技术进行身份鉴别，取得合法授权后，通过特定的命令（SSH、TELNET）或操作界面（HTTPS、HTTP）进行安全管理操作，并对操作过程进行审计。

可通过在安全管理域中部署安全策略管理平台、运维安全管理系统、堡垒机等提供安全管理功能的设备或相关安全组件，建立统一运维的安全管理入口，同时使用安全管理平台实现集中账号管理、集中访问控制及集中安全审计。

第四级安全设计技术要求在第三级安全设计技术要求的基础上增加了确保标记、授权和安全策略的数据完整性要求。

【设计说明】

安全管理中心的安全管理主要通过运维安全管理系统（堡垒机）实现。运维安全管理系统通过主从账号一一对应的授权方式，赋予用户完成操作的最小权限。其中，命令访问控制策略能对高危命令进行告警或阻断；文件传输控制策略可以对文件的上传/下载进行控制，达到允许或阻止的能力，访问控制粒度达到文件或命令级别。

运维安全管理系统是一套独立的系统，其安全管理操作由单独的安全管理员在身份鉴别后在特定管理页面完成，且每个操作均有日志记录。安全管理员对安全策略的配置包括密码策略（配置安全参数）、授权策略（配置主体、客体）、可信验证策略（访问、审批、主副岗审核等）。

运维安全管理系统还提供多样化的访问控制管理、通信数据加密，以及详尽的操作审计和完备的审计报表等功能。

安全管理员在执行其职能时需要进行身份鉴别，并通过特定的操作界面进行安全管理操作。例如，安全管理员通过堡垒机对所有操作进行审计，并将审计记录发送至安全管理中心的综合日志审计系统。

4.4.3　审计管理

【安全设计技术要求】

第一级：无。

第二级：**可通过安全审计员对分布在系统各个组成部分的安全审计机制进行集中管理，包括根据安全审计策略对审计记录进行分类；提供按时间段开启和关闭相应类型的安全审计机制；对各类审计记录进行存储、管理和查询等。**

应对安全审计员进行身份鉴别，只允许其通过特定的命令或操作界面进行安全审计操作。

第三级：应通过安全审计员对分布在系统各个组成部分的安全审计机制进行集中管理，包括根据安全审计策略对审计记录进行分类；提供按时间段开启和关闭相应类型的安全审计机制；对各类审计记录进行存储、管理和查询等。**对审计记录应进行分析，并根据分析结果进行处理。**

应对安全审计员进行身份鉴别，只允许其通过特定的命令或操作界面进行安全审计操作。

第四级：应通过安全审计员对分布在系统各个组成部分的安全审计机制进行集中管

理，包括根据安全审计策略对审计记录进行分类；提供按时间段开启和关闭相应类型的安全审计机制；对各类审计记录进行存储、管理和查询等，对审计记录应进行分析，并根据分析结果进行**及时**处理。

应对安全审计员进行身份鉴别，只允许其通过特定的命令或操作界面进行安全审计操作。

【标准解读】

审计管理主要针对审计管理员自身及其职能进行安全约束。对于审计管理员自身的安全要求包括对其进行身份鉴别、权限控制及操作审计等。审计管理员主要负责对系统的审计数据进行查询、统计、分析，实现对系统用户行为的监测和报警，能够在发现安全事件或违反安全策略的行为时及时告警并采取必要的应对措施。

审计管理是《设计要求》从第二级系统开始提出的要求，审计管理对网络设备、安全设备、主机、操作系统、数据库等网络和系统资源进行综合审计管理，并要求对审计机制进行集中管理。通过审计管理员对分布在系统各个组成部分的安全审计机制进行集中管理，审计管理员主要负责对审计记录进行分类、查询和分析，并根据分析结果对安全事件进行处理，在事件处理完成后提供安全事件审计报告。信息部门应在安全策略中明确安全审计策略，明确安全审计的目的、审计周期、审计账号、审计范围、审计记录的查询、审计结果的报告等相关内容，并按照安全审计策略对审计记录进行存储、管理和查询。另外，审计管理员还负责对系统管理员、安全管理员、审计管理员的操作行为进行审计、跟踪。审计管理员账号登录时需要使用密码、证书等身份鉴别技术进行身份鉴别，在取得合法授权后，通过特定的命令（SSH、TELNET）或操作界面（HTTPS、HTTP）进行安全审计操作，审计操作过程也要被记录下来。系统操作、系统日志等可用于审计记录分析，根据分析结果进行处理，找出系统管理、安全管理、集中管理功能使用时出现的问题，提供按时间段开启和关闭相应类型的安全审计机制的功能，并对各类审计记录进行存储、管理和查询。

第三级安全设计技术要求相对第二级安全设计技术要求，增加了对审计记录的分析处置措施。

第四级安全设计技术要求在第三级安全设计技术要求的基础上增加了对审计记录分析结果进行及时处理的要求，强调了对审计分析结果的实时性处理。

【设计说明】

可通过在核心交换机旁部署网络安全审计系统，在安全管理区中部署日志审计系统和数据库审计系统等相关审计设备开展安全事件分析和安全审计工作。在审计设备上设置独立的审计管理员角色，由信息部门相关技术人员担任，根据审计工作内容为审计管理员分配审计权限。审计管理员对分布在系统各个组成部分的安全审计机制进行集中管理，主要负责对审计记录进行分类、查询和分析，并根据分析结果对安全事件进行处理，在事件处理完成后提供安全事件审计报告。信息部门应在安全策略中明确安全审计策略，明确安全审计的目的、审计周期、审计账号、审计范围、审计记录的查询、审计结果的报告等相关内容，并按照安全审计策略对审计记录进行存储、管理和查询。图 4-23 所示为安全管理区部署示意图。

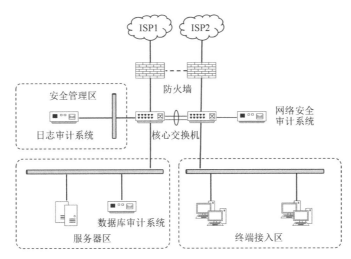

图 4-23   安全管理区部署示意图

1. 网络安全审计系统

网络安全审计系统可以对网络中的设备和系统运行过程中产生的信息进行实时采集及分析，同时可以对各种软硬件系统的运行状态进行监测。当发生异常情况时，网络安全审计系统可以立即发出警告信息，并向网络管理员提供详细的审计报告和异常分析报告，让网络管理员可以及时发现系统的安全隐患，以采取有效措施来保护系统的安全。

通过部署网络安全审计系统，对核心交换机上的用户访问流量和核心业务域交换机上的业务交互流量进行审计。同时，收集网络设备和安全设备产生的管理日志及设备运行日志，将日志传输至安全管理中心进行审计。

2. 日志审计系统

日志审计系统的部署方式分为单节点一体式部署和企业级分布式部署。当日志审计系统采取单节点一体式部署方式时，所有组件可部署在同一节点，如图4-24所示。

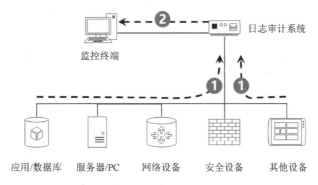

图 4-24　日志审计系统单节点一体式部署示意图

- 日志审计系统采集网络内各设备的安全信息并集中分析。
- 分析产生的安全告警等信息可在监控终端统一展示。
- 支持显示审计事件分类统计列表，从审计策略名称、审计事件类型、被审计人员、目标设备地址四个维度展现。

当日志审计系统采取企业级分布式部署方式时，采集器可视用户需求部署在任何网络可达区域，如图4-25所示。

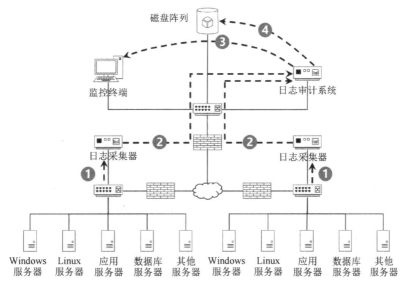

图 4-25　日志审计系统企业级分布式部署示意图

- 日志采集器收集本网络区域内资产的安全信息。
- 日志审计系统获取各区域的安全日志，并进行集中存储和分析。
- 监控终端统一集中展示分析产生的安全告警等信息。

3. 数据库审计系统

采用支持关系型数据库和分布式数据库审计的数据库审计系统，对数据库进行静态、动态审计，通过对业务人员访问系统的行为进行解析、分析、记录、汇报，帮助用户进行事前规划预防、事中实时监视、违规行为响应、事后合规报告和事故追踪溯源，促进核心资产的正常运营。数据库审计系统能够实时监控数据库服务器的操作流量，智能解析出各种操作，并提供日志报表系统分析，为进行事后的分析、取证提供证据。数据库审计系统能够提供审计报表和审计事件回放，为安全审计员提供核心数据库的全方位、细粒度的保护功能，帮助政府、金融、企业、学校等各类组织机构强化数据库操作访问的规范性，完善数据库操作访问的管理，降低数据库资产安全风险，加固组织数据库资产的安全性与合规性。

第5章　安全设计关键技术概述

本章以"一个中心，三重防护"为框架，在上一章通用安全技术要求应用解读的基础上，对安全设计相关的关键技术进行总体介绍，为读者提供参考，方便读者结合自身实际，有针对性地开展详细安全设计。

5.1　安全计算环境相关技术要求

1. 用户身份鉴别

用户身份鉴别也称"用户身份验证"或"用户身份认证"，是指在计算机及计算机网络系统中确认操作者身份的过程，从而确定该用户是否具有对某种资源的访问和使用权限，进而使计算机和网络系统的访问策略能够可靠、有效地执行，防止攻击者假冒合法用户获得资源的访问权限，保证系统和数据的安全，以及授权访问者的合法利益。

电子 ID 是互联网身份认证的工具之一，也是互联网基础设施的基本构成之一。电子ID 俗称网络身份证，是互联网络信息世界中标识用户身份的工具，用于在网络通信中识别通信各方的身份及表明通信方的身份或某种资格。下面介绍几种常见的认证形式。

（1）静态密码

用户的密码是由用户自己设定的。操作者只要在系统登录界面输入正确的密码，计算机就会认定其为合法用户。实际上，由于许多用户为了防止忘记密码，经常采用诸如生日、电话号码等容易被猜测到的字符串作为密码，或者把密码抄在纸上放在一个自认为安全的地方，这样很容易造成密码泄露。如果密码是静态的数据，那么在计算机内存中和传输过程中可能会被截获。因此，虽然静态密码机制无论是使用还是部署都非常简单，但从安全性上讲，这是一种不安全的身份认证方式。它利用的是"What you know"方法。

（2）智能卡

智能卡是一种内置集成电路的芯片，芯片中存有与用户身份相关的数据，智能卡由专门的厂商通过专门的设备生产，是不可复制的硬件。智能卡由合法用户随身携带，登录时必须将智能卡插入专用的读卡器读取其中的信息，以验证用户的身份。

智能卡认证是通过智能卡硬件的不可复制性来保证用户身份不会被仿冒的。然而，由于每次从智能卡中读取的数据是静态的，通过内存扫描或网络监听等技术很容易截取到用户的身份验证信息，因此依旧存在安全隐患。它利用的是"What you have"方法。

（3）短信密码

短信密码以手机短信形式请求包含 6 位随机数的动态密码，身份认证系统以短信形式发送随机的 6 位密码到客户的手机上。客户在登录或交易认证时输入此动态密码，从而确保系统身份认证的安全性。它利用的是"What you have"方法。

（4）动态口令

动态口令是目前最为安全的身份认证方式之一，也利用的是"What you have"方法。

动态口令牌是由用户手持用来生成动态密码的终端，主流的是基于时间同步方式的、每 60 秒变换一次动态口令、口令一次有效、产生 6 位动态数字进行一次一密的方式认证。但是由于基于时间同步方式的动态口令牌存在 60 秒的时间窗口，导致该密码在这 60 秒内存在风险。现在已有基于事件同步的、双向认证的动态口令牌，其遵循用户动作触发的同步原则，真正做到了一次一密，并且由于是双向认证的，即服务器验证客户端，客户端也需要验证服务器，从而达到了杜绝恶意网站的目的。

动态口令是应用广泛的一种身份识别方式，一般是长度为 5~8 位的字符串，由数字、字母、特殊字符、控制字符等组成。用户名和口令的方法几十年来一直用于提供所属权及准安全认证，从而对服务器提供一定程度的保护。例如，当用户每天访问自己的电子邮件服务器，而服务器采用用户名与动态口令对用户进行认证时，一般还要提供动态口令更改工具。

（5）USB Key

基于 USB Key 的身份认证方式是近几年发展起来的一种方便、安全的身份认证技术。它采用软硬件相结合、一次一密的强双因子认证模式，很好地解决了安全性与易用性之间的矛盾。USB Key 是一种 USB 接口的硬件设备，它内置单片机或智能卡芯片，可以存储用户的密钥或数字证书，利用 USB Key 内置的密码算法实现对用户身份的认证。基于 USB Key 的身份认证系统主要有两种应用模式：一是基于冲击/响应（挑战/应答）的认证模式；

二是基于 PKI 体系的认证模式，多运用于电子政务、网上银行。

（6）生物识别

生物识别是运用"Who you are"方法，通过可测量的身体或行为等生物特征进行身份认证的一种技术。生物特征是指唯一可以测量或可自动识别和验证的生理特征或行为方式。生物特征分为身体特征和行为特征两类。身体特征包括：指纹、视网膜、虹膜、人体气味、面部、（手的）血管纹理和 DNA 等；行为特征包括：签名、语音、行走步态等。部分学者将视网膜识别、虹膜识别和指纹识别等归为高级生物识别技术；将面部识别、语音识别和签名识别等归为次级生物识别技术；将血管纹理识别、人体气味识别、DNA 识别等归为"深奥的"生物识别技术。目前，指纹识别技术应用广泛的领域有门禁系统、微型支付等。

身份鉴别可分为主机身份鉴别和应用身份鉴别两大方面。

（1）主机身份鉴别

为提高主机系统安全性，保障各种应用的正常运行，需要对主机系统采取一系列的加固措施。这些措施包括：对登录操作系统与数据库系统的用户进行身份标识和鉴别，且保证用户名的唯一性；根据基本要求配置用户名/口令；口令必须使用 3 种以上字符，长度不少于 8 位并定期更换；启用登录失败处理功能，采取登录失败后结束会话、限制非法登录次数和自动退出等措施；远程管理时应启用 SSH 等管理方式，加密管理数据，防止被网络窃听；主机管理员登录采用双因素认证方式，如采用"USB Key+密码"方式进行身份鉴别。

（2）应用身份鉴别

为提高应用系统的安全性，应用系统需要采取一系列的加固措施。这些措施包括：对登录用户进行身份标识和鉴别，且保证用户名的唯一性；根据基本要求配置用户名/口令，必须具备一定的复杂度；口令必须使用 3 种以上字符，长度不少于 8 位并定期更换；启用登录失败处理功能，采取登录失败后结束会话、限制非法登录次数和自动退出等措施。应用系统若具备上述功能则可开启使用，若不具备则需要进行相应的功能开发，且使用效果要达到以上要求。对于三级应用系统，要求对用户采用两种或两种以上组合的鉴别技术，因此可采用双因素认证方式（USB Key+密码），或者构建 PKI 体系，采用 CA 证书的方式进行身份鉴别。

2. 安全威胁防护

随着互联网技术的飞速发展、大数据和云计算系统的广泛应用、业务之间跨网纵向融合、部门之间的业务横向交叉、主机的应用面更加广泛，安全防护也迎来了新的挑战，安全防护不能以单一的终端或单一的手段为维度，而需要考虑全局性及全面性。近些年来，安全威胁不断增多，如"钓鱼"、"挖矿"、0day 漏洞、高级持续性威胁等，使得传统终端安全防护手段出现了疲于应对的情形，终端一旦出现安全性问题，轻则影响终端使用感触，重则会导致业务受影响或中断。

根据权威机构公布的数据，超过 80% 的安全事件都发生在终端环境中，几乎所有的安全威胁都具备同一个目的，即"落脚"在终端。终端经常被称为"安全的最后一公里"或最后一道防线。在传统终端安全产品中，无论是 EPP、NAC 还是 AV 都只能通过已有的安全策略或设立人员使用的基线来应对已知的安全威胁，在发生安全事件时，安全管理员无法有效地看清安全事件的发生过程，从而完全不清楚应该如何应对。在看不清终端安全威胁的情况下，安全管理员更无法清晰地了解到终端有没有面临安全威胁。终端安全的入侵防范不能一直处于"亡羊补牢"的状态，需要建立一套对内网所有的终端进行统一安全防护的系统，包括办公计算机、服务器等与业务相关的设备，并需要解决如下问题。

（1）终端资产信息搜集

帮助安全管理员快速且准确地了解内网所有的终端资产情况。

（2）终端运行信息采集

实时了解终端历史运行、正在运行的服务、应用、软件、网络连接等信息，便于安全管理员对所有的运行信息及状态进行分析或提交给上层日志平台进行关联分析。

（3）终端合规性监测

明确内网所有终端的安全合规性，监测终端的安全状态并且可以实时根据终端状态变化进行提示，从而增强对入侵的基础防范能力。

（4）终端已知威胁检测

通过特征检测方式，对于已知的安全威胁进行碰撞匹配并进行抑制，提升终端安全健壮性。

（5）终端未知威胁检测

对终端所面临的潜在安全威胁和高潜伏的持续性安全威胁进行检测，提升终端对于未知安全威胁的抵御能力。

（6）终端安全威胁处置

在检测到终端安全威胁时，可以快速处理并且实现全网所有终端的统一处置。

（7）安全威胁可视化溯源

对所有发生过的安全事件均可进行溯源，包括安全事件的来源、入口、范围等信息，为后续的安全防御建设奠定基础。终端统一安全防护系统采用标准的 C/S 架构逻辑，对内网所有的终端进行安全防护，从而让安全防护不再受操作系统的限制。系统采用轻量级客户端设计理念，终端只具备基础的信息采集及简单的控制响应功能，所有的检测与分析交付分析中心进行，降低终端的运维工作量。赋予分析中心可对外扩散的能力，使其在自身安全威胁分析能力不足或无法准确研判时，可联动外界平台增强自身对于安全威胁的分析能力。通过终端信息采集的方式来驱动终端整体的安全防护能力，通过有效的 IoC、IoA 匹配对主机所面临的安全威胁进行全面分析与判断，增强终端对各种形势下入侵行为的抵御能力，保障终端安全运行并且实现自适应的闭环安全逻辑。

（8）信息采集驱动威胁检测

对终端包含的信息进行全量化采集，无论是被判定为威胁信息还是普通的运行信息，都将被与分析中心内的威胁样本库进行碰撞比对，以判断当前运行信息的安全性，并对单点威胁进行检测。

（9）威胁检测驱动关联分析

系统内置完善的安全威胁关联分析模型，对于有预谋的安全威胁及高潜伏性质的安全威胁进行关联分析，将所有单点并不致命或安全威胁比较低的信息串成一条线，发现高级持续性安全风险，对终端所面临的潜在威胁进行可视化呈现。

（10）关联分析驱动安全响应

具备对安全风险的精确处置能力，对于安全威胁可以进行有效的抑制，在控制安全威胁蔓延的同时保证终端影响最小化。

（11）安全响应驱动威胁溯源

对任何发生过的安全事件进行完整的记录，便于事后审计追溯，并可以在追责时提供有力的证据。安全事件记录在保证完整性的同时还要保证准确性，可通过终端检测响应平台（EDR）对安全事件进行完整回放，明确终端安全的入口、方式、危害及扩散范围，给后期安全能力改进提供有力的支撑。

安全威胁防护系统具有轻量化客户端、全系统兼容、平台联动接口等特性，具体如下。

（1）轻量化客户端

系统采用简单、高效的设计理念，终端未采用任何驱动及 HOOK 技术实现，确保终端高效、低资源占用、稳定兼容运行，避免终端产品带来额外的运维工作。

（2）全系统兼容

从常见的办公终端 Windows xp-Windows 10、服务器操作系统 Windows Server 各个版本、Linux 操作系统，到国产化操作系统如中标麒麟、银河麒麟、凝思、中科方德等，均已完成适配，真正做到终端安全维度拉齐，实现内网“全终端统管一盘棋”。

（3）平台联动接口

安全威胁防护产品既可独立使用，也可将终端内置的与上层平台的联动接口作为平台级产品对终端数据的抓手，为平台提供更加全面、完整的数据，实现有效的数据支持，并借用平台产品的分析能力，对安全威胁进行更多维度的关联分析。

3. 终端安全防护技术

终端安全管理系统通过部署终端健康检查和修复系统实现终端安全的集中统一管理，包括终端补丁的集中下载与分发、应用软件的集中分发、禁止非工作软件或有害软件的安装和运行等，强化终端安全策略。终端安全管理系统可满足接入和外联的可管理要求，对终端进行安全检查，确保终端符合安全规范，对不符合安全规范的终端进行隔离修复。终端安全管理系统还可对系统自身安全问题及终端安检情况进行报警统计，设定只有与终端安全管理系统通信的网卡才能发送和接收数据，禁止其他任何网卡发送和接收数据，包括多网卡、拨号连接、VPN 连接等。终端安全管理系统能够监控计算机终端的操作系统补丁、防病毒软件、软件进程、登录口令、注册表等方面的运行情况，如果计算机终端没有安装规定的操作系统补丁、防病毒软件的运行状态和病毒库更新状态不符合要求、没有运行指定的软件或运行了禁止运行的软件，或者有其他安全基线不能满足要求的情况，则该计算机终端的网络访问将被禁止。

移动存储管理可以实现移动存储设备的认证和使用授权，只有通过认证的移动存储设备和具有使用权限的用户才能使用。对于认证过的移动存储设备，可以根据防泄密控制要求的高低，选择多种数据保存和共享授权方式；既可以只认证设备，不对其中保存的数据进行加密共享，也可以对认证的设备选择专用目录或全盘加密共享，并对移动设备使用全过程进行审计，以便在发生意外时进行查证。

随着信息网络技术的发展，计算机终端安全防护越来越重要。如何推进计算机终端安全建设，夯筑底层安全体系，是当今企业面临的问题。虽然防火墙、入侵检测系统等常规的网络安全产品可以解决信息系统一部分的安全问题，但计算机终端的信息安全一直是整个网络信息系统安全的薄弱环节。据权威机构调查，超过 85%的安全威胁来自企事业单位内部。在国内，高达 80%的计算机终端应用单位未部署有效的 H3C SecCenter CSAP-ESM 终端安全管理系统且不具备完善的管理制度，这就造成内网中木马病毒、恶意软件肆虐，以及 0day 漏洞、APT 攻击等层出不穷。同时，系统与应用软件的安全漏洞使得黑客有机可乘；自主知识产权操作系统的缺乏，使得国内广大终端用户面临前所未有的挑战。除此之外，企事业单位内网与终端安全问题还包括以下几种。

- 终端木马病毒等问题严重，不能高效、有序地查杀。
- 全网被动防御木马病毒等的传播与破坏，无法应对未知威胁。
- 不能及时发现系统漏洞并进行补丁分发与自动修复。
- 资产不能精确统计，资产变动情况掌握滞后。
- 终端单点维护依靠大量人工现场处理。
- 未经认证的 U 盘、移动硬盘等移动存储介质成为木马病毒等传播的载体。
- 光驱、网卡、蓝牙、USB 接口、无线等设备成为风险引入的新途径。
- 终端随意接入网络，入网后未经授权访问核心资源。
- 非法外联不能及时报警并阻断，导致重要资料数据外传流失。
- 终端随意私装软件，恶意进程持续消耗有限的网络带宽资源。

在企业网络中，除边界网络安全外，终端安全也是整体网络安全的关键组成部分。网络设备终端主要涵盖业务服务器及办公计算机。通过控制中心可以对安装 H3C SecCenter CSAP-ESM 终端安全管理系统的终端设备实现统一杀毒、特征库升级、安全策略下发、系统修复、补丁更新和联动响应等功能。

在终端设备安装控制中心后，客户端可以自动连接控制中心，安全管理员可直接通过控制中心主机或在任意一台客户端上通过 Web 浏览器进行登录管理，包括"文件操作审计与控制""打印审计与控制""网站访问审计与控制""异常路由审计""终端 Windows 登录审计"。审计的内容应尽量只与内网安全合规相关，不涉及终端用户的个人隐私信息，保证在达到合规管理的审计要求的前提下，保护终端用户的个人隐私。

常见的终端安全审计产品部署示意图如图 5-1 所示。

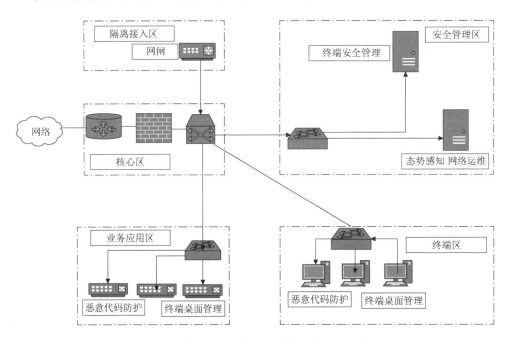

图 5-1　常见的终端安全审计产品部署示意图

4. 安全日志审计技术

综合日志审计平台通过集中采集信息系统中的系统安全事件（如网络攻击、防病毒等）、用户访问记录、系统运行日志、系统运行状态等各类信息，经过规范化、过滤、归并和告警分析等处理后，以统一格式的日志形式进行集中存储和管理，结合丰富的日志统计汇总及关联分析功能，实现对信息系统日志的全面审计。

对各类日志进行安全审计是信息系统安全维护的重点工作之一，目前，由于日志存放分散、数量多、格式不统一、保存周期短、易被篡改破坏等因素，人为开展日志审计工作已逐渐变为一项不可能完成的任务。部署综合日志审计平台，一方面可以集中收集、长时间存放日志，避免因日志遭到恶意篡改或删除而在安全事件发生时无据可查的状况发生；另一方面，其强大的日志审计能力可以为审计人员提供日志实时监控、高效检索、审计报表等日志审计手段，从而使原本不可能完成的海量日志审计工作可在短时间内轻松完成，大大减少信息部门的工作量。

综合日志审计平台的部署模式包括典型部署和多采集器部署两种。在典型部署模式下，综合日志审计平台接收所有 IT 设备的日志记录，并对审计记录进行管理与分析，如图 5-2 所示。

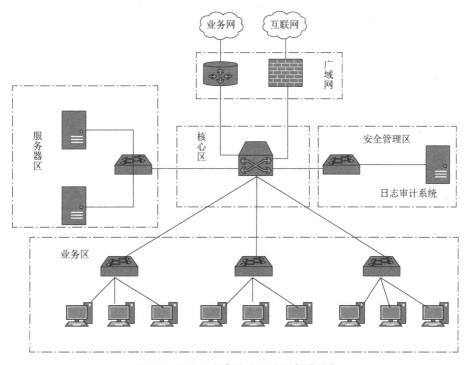

图 5-2　综合日志审计平台典型部署模式

在多采集器部署模式下，综合日志审计平台通过分布在多个地点的采集器，采集各 IT 系统的日志数据，集中分析处理，并对审计数据进行集中分析管理，如图 5-3 所示。

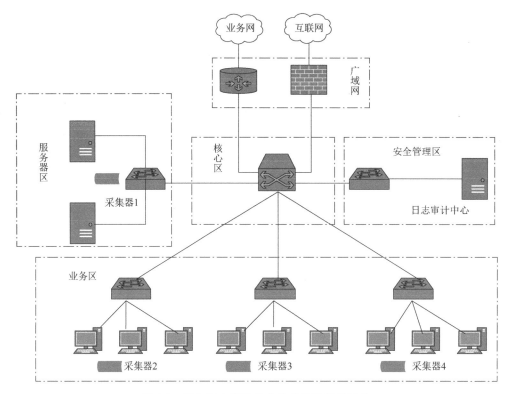

图 5-3　综合日志审计平台多采集器部署模式

综合日志审计平台大致包括采集器、通信服务器、关联引擎、平台管理器等组成部分，如下所述。

采集器：全面支持 Syslog、SNMP 日志协议，可以覆盖主流硬件设备、主机及应用，保障日志信息的全面收集，实现信息资产（网络设备、安全设备、主机、应用及数据库）的日志获取；通过预置的解析规则实现日志的解析、过滤及聚合，同时可将收集的日志通过转发功能转发到其他网管平台。

通信服务器：实现采集器与平台间的通信，将格式统一后的日志直接写入数据库并且提交给关联分析模块进行分析处理。通信服务器可以接收多个采集器的日志，在平台尚未支持统一日志格式时，能够根据要求，将定义的统一日志转换为所需的日志格式。

关联引擎：内置众多的关联规则，实现全维度、跨设备、细粒度的关联分析，支持网络安全攻防检测、合规性检测，客户可轻松实现各资产间的关联分析。

平台管理器：实现对所监控的信息资产的实时监控、信息资产与客户管理、解析规则及关联规则的定义与分发、日志信息的统计与报表、海量日志的存储与快速检索，以及平台的管理。通过各种事件的归一化处理，实现高性能的海量事件存储和检索优化功能，提供高速的事件检索能力、事后的合规性统计分析处理能力，并可对数据进行二次挖掘分析。

综合日志审计平台具备以下功能。

集中配置管理：综合日志审计平台支持分布式部署，可以通过中心平台实现各种管理规则、配置策略的自动分发，并支持远程自动升级，极大地降低了分布式部署的管理难度，提高了可管理性。

灵活的可扩展性：综合日志审计平台提供多种定制接口，具备强大的二次开发能力，以及与第三方平台对接和扩展的能力。

其他功能：综合日志审计平台支持各种网络部署需要，包括日志聚合、日志过滤、事件过滤、日志转发、特殊日志格式支持（如单报文多事件）等。

通过综合日志审计平台，安全管理员可随时了解整个 IT 系统的运行情况，及时发现系统异常事件；通过事后分析和丰富的报表系统，安全管理员可以方便、高效地对相关信息进行有针对性的安全审计；当遇到特殊安全事件和系统故障时，安全管理员可以快速定位故障，并使用综合日志审计平台提供的客观依据进行追查和恢复。

5. Web 应用防火墙技术

Web 应用防火墙是一款集 Web 防护、网页保护、负载均衡、应用交付功能于一体的 Web 整体安全防护产品。它集成全新的安全理念与先进的创新架构，保障用户核心应用的安全并使业务持续、稳定地运行。Web 应用防火墙具有多面性的特点：从网络入侵检测的角度来看，可以将 Web 应用防火墙看成运行在 HTTP 层上的 IDS 设备；从防火墙角度来看，可以将 Web 应用防火墙看作一种防火墙的功能模块，还有人把 Web 应用防火墙看作增强版的"深度检测防火墙"。

Web 应用防火墙运作在 TCP/IP 堆栈的"应用层"上，使用浏览器时产生的数据流或使用 FTP 时产生的数据流都属于这一层。Web 应用防火墙可以拦截进出某应用程序的所有封包，并且封锁其他的封包（通常会直接将封包丢弃）。理论上，这一类防火墙可以完全阻绝外部的数据流进受保护的设备里。

Web 应用防火墙可以检测数据包的有效荷载并根据实际内容做出相应决定，提供更好的内容过滤能力，还可以审查完整的网络数据包而不仅是网络地址和端口，使其拥有更强大的日志记录功能。例如，Web 应用防火墙可以记录某个特定程序发出的命令，这为安全管理员处理突发安全事件和实施安全策略提供了很有价值的信息。

Web 应用防火墙主要采用透明代理部署和反向代理部署两种模式。

在透明代理部署模式下（见图 5-4），Web 应用防火墙可部署在企业 Web 应用服务器接入交换区，对 Web 应用服务区的所有服务器的业务流量提供集中一站式的分析过滤功能，在不需要对原有逻辑拓扑进行改动的情况下防范各种来自外部的威胁，同时使用 HA 技术保证与原有的主备链路冗余同步，从而消除单点故障。

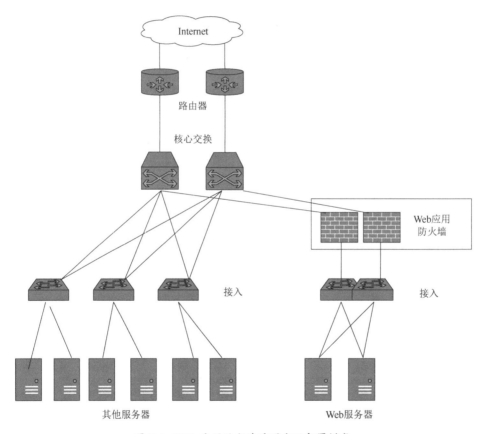

图 5-4　Web 应用防火墙透明代理部署模式

在反向代理部署模式下（见图 5-5），Web 应用防火墙可旁挂在数据中心交换机上，为了避免其他不必要的流量经过，一般只通过接收出口或其他网关设备引导的定向 HTTP 访问流量，并对原始数据头部进行相应修改，从而达到隐藏真实服务器 IP 地址的目的，保护

Web 应用服务器免遭外部的威胁攻击。

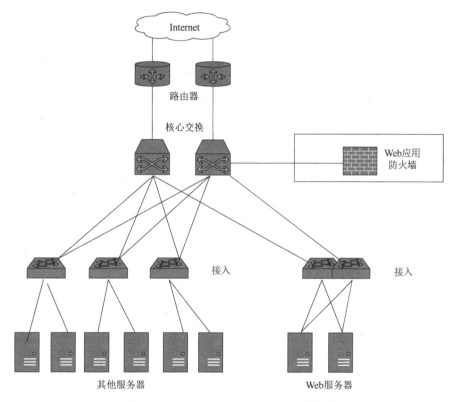

图 5-5　Web 应用防火墙反向代理部署模式

Web 应用防火墙的功能主要体现在以下几个方面。

● 事前主动防御，智能分析应用缺陷、屏蔽恶意请求、防范网页篡改、阻断应用攻击，
全方位保护 Web 应用的安全。

● 事中智能响应，快速构建 P2DR 模型[①]、模糊归纳和定位攻击，阻止风险扩散，消
除"安全事故"于萌芽之中。

● 事后行为审计，深度挖掘访问行为、分析攻击数据、提升应用价值，为评估安全状
况提供详尽报表。

● 面向客户的应用加速，提升系统性能，改善 Web 访问体验。

---

① P2OR 模型：这是美国 ISS 公司提出的动态网络安全体系的代表模型，也是动态安全模型的雏形。

- 面向过程的应用控制，细化访问行为，强化应用服务能力。

- 面向服务的负载均衡，扩展服务能力，适应业务规模的快速壮大。

6. 漏洞扫描技术

漏洞扫描是指基于漏洞数据库，通过扫描等手段对指定的远程或本地计算机系统的安全脆弱性进行检测，进而发现可利用漏洞的一种安全检测（渗透攻击）行为。漏洞扫描的过程就是对重要计算机信息系统进行检查，发现其中可被黑客利用的漏洞，通过合规性检测对系统中不合适的设置（如不应开放的端口）、脆弱的口令及其他同安全规则相抵触的对象进行检查的过程。基于网络的漏洞检测是指，通过执行一些脚本文件对系统进行攻击并记录它的反应，从而发现其中的漏洞。漏洞扫描包括网络漏扫、主机漏扫、数据库漏扫等不同种类，从部署模式上可分为单机部署和多级部署两种。

单机部署模式：适用于中小型规模的企业，通过单机部署模式实现对全网各个区域的自主漏洞扫描，如图 5-6 所示。这种独立漏洞扫描的情况同时适合监察评测机构，只要将漏扫产品安装在笔记本电脑上，即可实现对独立网络单元的移动式检查测评。

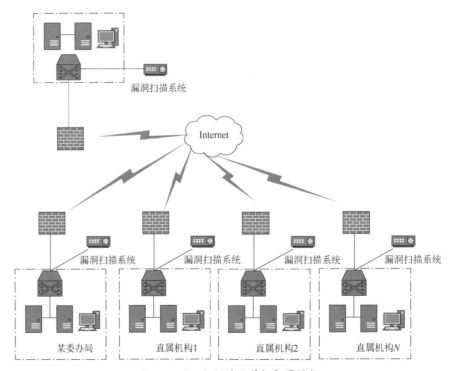

图 5-6　漏洞扫描系统单机部署模式

　　多级部署模式：适用于大规模网络的漏洞集中管理，如图 5-7 所示。在各级网络中分别部署扫描引擎节点进行漏洞管理，实现高度智能分配资源、引擎节点负载均衡和大型网络的统一漏洞管理，能够提高资源利用率，以及漏洞扫描与管理工作的效率。

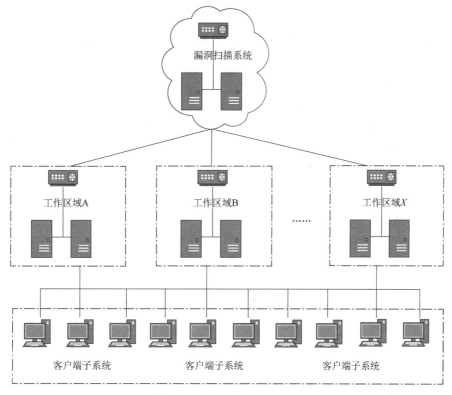

图 5-7　漏洞扫描系统多级部署模式

7. 数据库安全审计

　　可部署数据库审计系统对用户行为、用户事件及系统状态加以审计，范围覆盖到每个用户，从而把握数据库系统的整体安全。

　　数据库审计系统适用等级保护标准和规范，支持所有主流关系型数据库的安全审计。数据库审计系统采用多核、多线程并行处理及 CPU 绑定技术和镜像流量零拷贝技术，以及黑盒逆向协议分析技术，严格按照数据库协议的规定，支持请求和返回的全审计，对所有数据库的操作行为进行还原，保证 100%还原原始操作的真实情况，实现细粒度审计、精准化行为回溯、全方位风险控制，为核心数据库提供全方位、细粒度的保护功能。数据库审计系统可以帮助我们解决目前面临的数据库安全审计缺失问题，避免数据被内部人员及外部黑客恶意窃取，极大地保护了核心敏感数据的安全，并带来以下安全价值。

- 全面记录数据库访问行为，识别越权操作等违规行为，并完成追踪溯源。
- 跟踪敏感数据访问行为轨迹，建立访问行为模型，及时发现敏感数据泄露的问题。
- 检测数据库配置弱点、发现 SQL 注入等漏洞并提供解决建议。
- 为数据库安全管理与性能优化提供决策依据。
- 提供符合法律法规的报告，满足等级保护审计要求。

数据库审计系统部署示意图如图 5-8 所示。

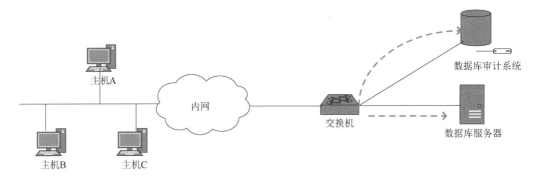

图 5-8　数据库审计系统部署示意图

将数据库审计系统以旁路模式部署于网络中，通过交换机将数据库服务器流量镜像到审计设备，无须在数据库服务器上安装任何代理软件就能审计任何通过网络访问数据库的行为，对数据库服务器无任何影响。

8. 运维审计技术

运维审计系统也称堡垒机。它从操作层解决了企业与组织中现存的 IT 内控与管理的相关问题，特别是针对目前安全与运维操作管理中突出的运维操作风险问题，从账号管理、密码管理、权限控制、操作审计等方面，提供了稳定、安全、方便、可行性强的解决方案。运维审计系统可为网络和信息系统提供全面的运维管理体系及运维能力，支持资产管理、用户管理、双因子认证、命令阻断、访问控制、自动改密、审计等功能，能够有效保障运维过程的安全。在协议方面，运维审计系统全面支持 SSH/TELNET/HTTP/HTTPS/RDP/FTP/SFTP/VNC 等，并可通过应用中心技术扩展支持 VMware/XEN 等虚拟机管理、Oracle 等数据库管理及小型机管理等。

　　运维审计系统的部署模式包括单机部署、双机 HA 部署和集群部署三种。

　　运维审计系统单机部署模式，采用物理旁路、逻辑串联的方式，不需要改变用户网络架构，如图 5-9 所示。系统上线后，运维审计系统成为唯一的运维入口，运维人员通过访问运维审计系统，实现对后端托管资源的集中管理。

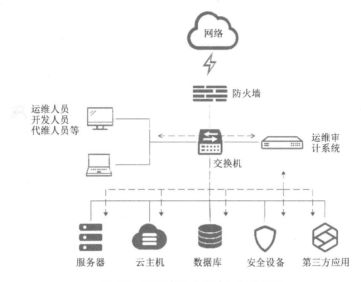

图 5-9　运维审计系统单机部署模式

　　运维审计系统单机部署模式为物理旁路部署，要求运维人员与运维审计系统相应服务端口联通（默认端口为 22、3389、443、5899），运维审计系统与后端服务器相应服务（SSH、TELNET、RDP、SFTP 等）联通。

　　运维审计系统支持双机 HA 部署模式，如图 5-10 所示。系统部署后通过虚拟 IP 地址向用户提供服务，运维审计系统双机部署模式下有两台硬件堡垒机（软件及硬件完全相同），一主一备，当主机出现故障时，服务自动切换至备机。双机 HA 部署方式提高了运维审计系统的可靠性。

　　运维审计系统支持多机集群部署，以满足高并发、高冗余的应用需求，如图 5-11 所示。运维审计系统不依赖第三方负载均衡或存储设备即可完成自身集群的搭建，使用三台或三台以上硬件堡垒机（软件及硬件完全相同）组建集群，通过 VIP 对外提供服务，保证配置数据、审计日志定期自动同步。当集群中任何一台设备出现故障时，由其他节点自动接管服务。

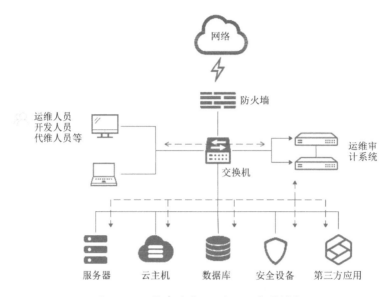

图 5-10　运维审计系统双机 HA 部署模式

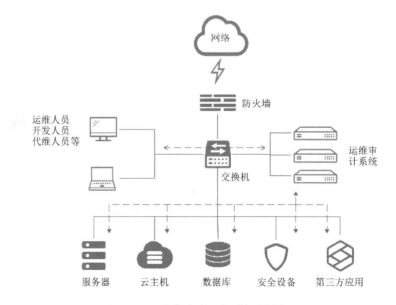

图 5-11　运维审计系统集群部署模式

9. 网页防篡改技术

网页防篡改技术是对防止 Web 页面被篡改的一系列技术的统称。网页篡改是常见的 Web 应用层攻击，攻击成本较低，但是会给企事业单位带来极大的危害，影响单位的声誉，在关键时期的篡改行为甚至会影响客户管理人员的政治生涯。因此，Web 防篡改技术非常重要，广泛适用于电子商务、金融证券、教育等各行各业的门户网站。

目前常见的网页防篡改技术主要包括时间轮询技术、核心内嵌技术、事件触发技术、文件过滤驱动技术等。

（1）时间轮询技术

用一个网页读取和检测程序，以轮询方式读出要监控的网页，与真实网页相比较，来判断网页内容的完整性，对于被篡改的网页进行报警和恢复。

（2）核心内嵌技术

将篡改检测模块内嵌于 Web 服务器软件，它在每一个网页流出时都进行完整性检查，对于篡改网页进行实时访问阻断，并予以报警和恢复。

（3）事件触发技术

利用操作系统的文件系统或驱动程序接口，在网页文件被修改时进行合法性检查，对于非法操作进行报警和恢复。

（4）文件过滤驱动技术

文件过滤驱动技术的原理是采用操作系统底层文件过滤驱动技术，拦截与分析 IRP 流对所有受保护的网站目录的写操作。与"事件触发技术"的"后发制人"相反，该技术是典型的"先发制人"，在篡改写入文件之前就予以阻止。

网页防篡改系统一般包含监控客户端、管理中心服务器端和管理控制台三部分（见图 5-12），各部分功能如下。

监控客户端：安装在 Web 站点服务器上，安装完后，后台立即自动运行，无界面，主要用于监控站点的状态，执行管理中心所配置的策略，有效阻止各类篡改攻击。

管理中心服务器：建议部署在独立 PC 服务器上，若所管理的 Web 服务器数量较少，也可以同时部署在管理控制台上，主要用于用户管理、策略下发、日志监控，以及发布各监控客户端安全策略。

　　管理控制台：部署在网络中任意一台计算机上，主要用于对登录管理中心服务器进行管理中心服务器配置。

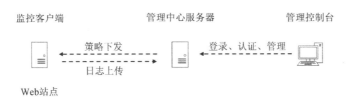

图 5-12　网页防篡改系统各组件之间的关系图

　　各组件之间的通信采取完全加密传输，包括数据传输、用户认证等，以确保通信的保密性。网页防篡改系统的监控客户端、管理中心服务器和管理控制台三部分既可以部署在三个不同的系统上，也可以部署在同一个系统上，根据需要进行设计即可。下面介绍三种比较典型的部署模式。

　　第一种部署模式最为常见，常见于政府网站和大型企事业单位网站。如图 5-13 所示，Web 服务器位于内网中防火墙 DMZ。第一步，在 DMZ 的任意一台服务器（可以是防病毒服务器或防火墙管理服务器）上安装管理中心服务器，并设定外部管理连接端口；第二步，将监控客户端安装于多个 Web 服务器上，指定管理中心服务器地址（如 172.16.1.100）并设定管理端口；第三步，在内部管理区域内的任意 PC 端安装管理控制台。

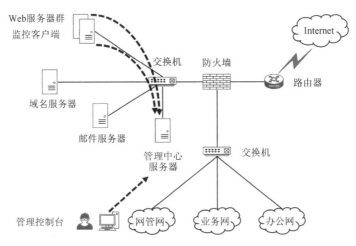

图 5-13　网页防篡改系统部署示意图-1

第二种部署模式凸显了网页防篡改系统部署的灵活性。如图 5-14 所示,在没有额外可用服务器的情况下,将管理中心服务端部署在 Web 服务器上,可节省服务器资源和投资成本。

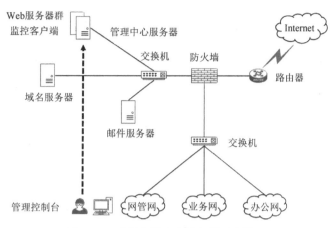

图 5-14　网页防篡改系统部署示意图-2

第三种部署模式也常见于政府网站和大型企事业单位网站。如图 5-15 所示,Web 服务器位于 IDC 托管中心的防火墙 DMZ。第一步,在 DMZ 的数据库服务器(也可以是防病毒服务器或防火墙管理服务器)上安装管理中心服务器,并设定外部管理连接端口;第二步,将监控客户端部署在多个 Web 服务器上,并指定管理中心服务器地址和管理端口;第三步,在内网管理区域内任意 PC 端安装管理控制台。

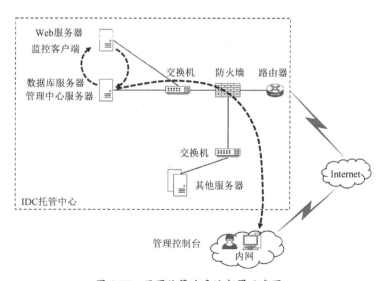

图 5-15　网页防篡改系统部署示意图-3

10. 数据库防火墙技术

数据库防火墙技术是数据库安全技术之一，是针对关系型数据库保护需求应运而生的一种数据库主动安全防御技术。数据库防火墙部署于应用服务器和数据库之间，用户必须通过系统才能对数据库进行访问或管理。数据库防火墙采用的主动防御技术，能够主动实时监控、识别、告警、阻挡绕过网络边界（防火墙、IDS、IPS 等）防护的外部数据攻击和来自内部的高权限用户（DBA、开发人员、第三方外包服务提供商）的数据窃取、破坏、损坏等。数据防火墙从数据库 SQL 语句精细化控制的技术层面，提供一种主动安全防御措施为数据库提供有效的保护手段，通过结合独立于数据库的安全访问控制规则，帮助用户应对来自内部和外部的数据安全威胁。

数据库防火墙和网络防火墙的防护重点不同，数据库防火墙是专业的针对数据库系统的防火墙，其所具备的审计、控制等功能更适用于保护数据库安全。从网络访问控制方面来说，网络防火墙在网络层面的控制规则是基于 MAC/IP/协议/端口的，而数据库防火墙支持基于 MAC/IP/数据库类型/端口的安全访问控制；从应用层的 SQL 访问控制方面来说，数据库防火墙能够对 SQL 语句进行智能的语法分析，从而防止对系统表和应用表的恶意操作、防止 SQL 注入等攻击，并实现对数据库的细粒度访问控制；从安全审计方面来说，网络防火墙只能对网络层、传输层的活动信息进行记录，而数据库防火墙不仅能记录网络层和传输层的信息，还能将应用层的信息记录下来，进而有助于对数据库的操作行为进行详细的分析；从防御功能方面来说，网络防火墙只能实现网络及传输层的报文过滤，而数据库防火墙不仅具备网络及传输层的报文过滤功能，还能通过对数据库访问的应用协议进行解析和构建，通过对应用数据内容——SQL 语句进行分析、检测与过滤，发现恶意访问，进而采用告警、拦截、阻断等方式保护数据库的安全。

数据库防火墙支持串联模式和单臂模式两种部署模式，此外数据库防火墙一般还支持高可用和 Bypass 模式。

串联模式：将数据库防火墙直连在数据库之前，所有对数据库的访问流量都流经该设备并进行过滤和转发。通过透明网桥技术，数据库防火墙可以不设 IP 地址，客户端看到的数据库地址不变。数据库防火墙串联模式部署示意图如图 5-16 所示。

串联模式的适用场景主要包括：场景 1——防止外部黑客通过互联网业务系统侵入数据库，进行数据窃取和数据破坏；场景 2——对内部人员进行控制，使得开发人员和数据库管理员可以实时地监控所有对数据库的访问。

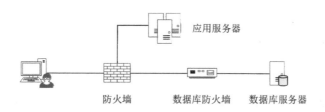

图 5-16　数据库防火墙串联模式部署示意图

单臂模式：将数据库防火墙接入数据库所在网络，客户端逻辑连接防火墙设备地址，所有对数据库的访问流量都流经该设备并进行过滤和转发。数据库防火墙单臂模式部署示意图如图 5-17 所示。

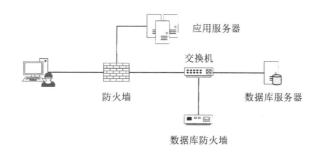

图 5-17　数据库防火墙单臂模式部署示意图

在单臂模式部署下，数据库防火墙设备不直接接入网络，而是通过将网络流量映射到数据库防火墙设备，实现对数据库流量的审计和告警。该模式主要适用于高吞吐量、性能高度敏感的业务系统（如金融交易系统、电信计费系统），需要持续监控系统的访问行为和安全事件，以便进行事后分析。

11. 数据备份恢复技术

数据备份是容灾的基础，是指为防止系统出现操作失误或系统故障导致数据丢失，而将全部或部分数据集合从应用主机的硬盘或磁盘阵列复制到其他存储介质的过程。数据备份作为网络安全的一项重要内容，其重要性却往往被人们忽视。只要发生数据传输、存储和交换，就有可能产生数据故障，如果没有采取数据备份和灾难恢复措施，就会导致数据丢失并有可能造成无法弥补的损失。一旦发生数据故障，数据就可能被损坏从而无法被识别，而允许恢复的时间可能只有短短几天或更少。如果系统无法顺利恢复，组织就会陷入困境，最终可能导致无法想象的后果。因此，组织的信息化程度越高，数据备份和恢复措施就越重要。

早期的数据备份主要采用内置或外置的磁带机进行冷备份的方式。这种方式只能防止操作失误等人为故障，而且恢复时间很长。随着技术的发展与数据量的快速增长，不少用户开始采用网络备份。网络备份一般通过专业的数据存储管理软件结合相应的硬件和存储设备实现。

（1）数据备份

为了在系统出现故障时能够确保恢复整个系统，相关人员需要制定详细的数据备份策略，明确何时进行备份、用什么备份方法、备份哪些数据等。目前采用最多的备份策略有完全备份、增量备份和差异备份三种。

完全备份：备份全部选中的文件夹，而不是依据文件的存档属性来确定备份哪些文件。在完全备份过程中，任何现有的标记都将被清除，每份文件都将被标记为已备份。

增量备份：备份上一次备份后所有发生变化的文件。在增量备份过程中，只备份选中的有标记的文件和文件夹并清除标记。

差异备份：差异备份是相对于完全备份而言的，它只备份上一次完全备份后发生变化的文件。在差异备份过程中，只备份选中的有标记的文件和文件夹。它不清除标记，即备份后不标记为已备份文件。

（2）异地备份

从地理位置上来看，异地备份提供了一种新的备份方式，使得备份后的数据不一定保存在本地，也可保存在网络中的另一个服务器上。这种方式是在另外的地方实时产生一份可用的数据副本，此副本不需要进行数据恢复即可投入使用。数据异地备份主要有基于主机、基于存储系统、基于光纤交换机和基于应用等的数据复制实现方式。

基于主机的数据复制：基于主机的数据复制是指在异地的不同主机之间，不需考虑存储系统的同构问题，只要保持主机是相同的操作系统即可进行数据复制。此外，目前也存在支持异构主机之间数据复制的软件，可以支持跨越广域网的远程实时复制。

基于存储系统的数据复制：基于存储系统的数据复制是指利用存储系统提供的数据复制软件进行数据复制，复制的数据流在存储系统之间传递，和主机无关。

基于光纤交换机的数据复制：基于光纤交换机的数据复制是指利用光纤交换机的功

能，或者利用管理软件控制光纤交换机，首先对存储系统进行虚拟化，然后通过管理软件对管理的虚拟存储池采用卷管理、卷复制和卷镜像等技术，实现数据的远程复制。

基于应用的数据复制：基于应用的数据复制技术有一定的局限性，一般只能针对特定的应用使用，主要利用数据库自身提供的复制模块来完成异地数据的备份。

（3）数据恢复

恢复是备份的逆操作，但恢复的操作比备份复杂，也容易出问题。数据恢复策略主要有完全恢复、个别文件恢复、重定向恢复和重要数据处理系统热冗余等。

完全恢复：将备份策略指定备份的所有数据恢复到原来的存储池，主要用于灾难、系统崩溃和系统升级等情况。

个别文件恢复：对指定的文件进行恢复。在个别文件被破坏，或者想要某个文件的备份版本等情况下，进行个别文件恢复操作。

重定向恢复：将所备份的文件恢复到指定的存储位置，而不是备份时的位置。重定向恢复既可以是完全恢复，也可以是个别文件恢复。

重要数据处理系统热冗余：备份与恢复包括两方面的内容，一方面是数据备份与恢复，另一方面是重要数据处理系统（关键网络设备、安全设备、应用服务器和数据库服务器等）热冗余。重要数据处理系统热冗余对数据备份有重大作用，其为数据的备份和恢复提供支持，并保证系统的高可用性。

12. 数据库加密技术

随着计算机网络的不断发展和普及，网络安全问题备受重视。数据库系统担负着存储和管理信息的任务，集中存放着大量敏感数据，被众多用户直接共享，泄露或破坏这些数据非常容易。一旦这些数据被泄露或破坏，将会造成企业运营瘫痪，给国家带来巨大的损失，甚至危及国家安全，所以必须采取适当的措施对数据库内的数据进行防护。

事实证明，保证数据安全性的最好方法是数据加密。现在流行的大型数据库系统提供了一些安全技术，能够满足一般性的数据库应用需求。但对于稍高一些的安全需求，它们提供的安全技术还不够完备。因此，数据库加密系统越来越受重视。

数据库加密系统有敏感字段加密、密文索引、增强访问控制、增强审计和多因素认证等功能。

敏感字段加密：用户可以根据实际需求选择对敏感的字段进行加密。即使数据库文件被非法复制或存储文件丢失，也不会导致真实敏感数据的泄露。

密文索引：基于密文索引技术避免了全表解密，将敏感字段加密对数据库访问性能造成的损失降到和加密前没有明显区别。

增强访问控制：通过控制加密解密的密钥权限，增设安全管理员，只有同时经过 DBA 和安全管理员联合授权的用户才能以明文的形式看到加密数据，从而降低 DBA 权限过高造成的泄密风险。

增强审计：设置审计管理员，监视安全管理员的行为，同时对加密后的敏感数据提供精确、细致的访问情况审计。

多因素认证：为弥补数据默认的账号口令认证方式安全性较低的缺点，数据库加密系统的实现要基于 IP 协议、应用程序、时间等多种要素的多因素认证。

数据库加密系统部署简单，被加密的目标数据库服务器路由可达即可，其部署模式主要有串联部署模式和旁路部署模式两种。

串联部署模式下的数据库加密系统以串联模式部署在网络中，所有访问数据库服务器的流量都流经数据库加密系统，如图 5-18 所示。

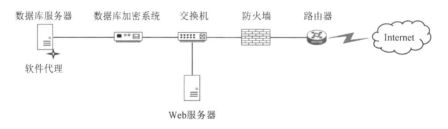

图 5-18　数据库加密系统串联部署模式

旁路部署模式下的数据库加密系统以旁路模式部署在网络中，网络可达即可，如图 5-19 所示。

13. 安全配置核查技术

随着信息化建设的深入发展、设备种类的不断增加，安全配置管理问题日渐突出。为了维持信息系统的安全并方便管理，安全管理员必须从入网审核、验收、运维等全生命周期的各个阶段加强和落实安全要求，同时需要设立满足安全要求的基准点，安全配置核查技术应运而生。

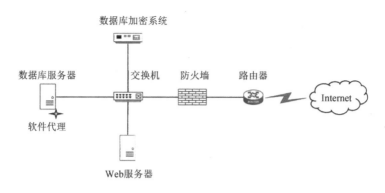

图 5-19　数据库加密系统旁路部署模式

安全配置核查系统主要解决组织日益繁重的安全配置管理问题，协助安全管理员实现组织内安全配置的集中采集、风险分析、处理工作，它是组织日常信息安全工作的重要支撑。作为统一的安全配置核查系统，要能够准确、快速、及时地发现、汇总企业中不同厂商、不同种类的网络设备、主机、防火墙、数据库、中间件的安全配置问题、漏洞情况。

基线配置核查系统协助用户实现企业内安全配置的集中采集、风险分析、处理工作，它提供分布式的部署和管理方式，是企业日常信息安全工作的重要支撑。基线配置核查系统主要包括任务制定、采集分析、违规报告和系统加固等功能。

任务制定：提供灵活的功能用于制定不同类型或周期的安全基线检查任务，任务中可以方便地设置检查对象和检查策略。

采集分析：全面集中检查和分析各类系统存在的本地安全配置问题，减轻用户因不同设备分散管理而带来的冗余工作。

违规报告：提供全面、详尽、清晰的扫描报告管理功能，并能对不同的检查结果进行比对。

系统加固：提供详尽的、可实际运用的系统加固方案，以指导用户对产生的安全问题进行解决。

（1）安全基线检查

在基线配置核查系统中，安全基线是指各类系统、设备的安全配置标准，而安全基线的违规问题是指实际的系统或设备配置违反了基线的要求，如存在不允许的用户账号、账号的口令策略存在一定问题（不满足复杂度、长度、更改时间的要求）等。

（2）配置变更检查

配置变更检查是指通过采集计算机系统的文件、端口、进程等的变化信息，来监控系统的变更状况并发现其中的异常，以便及时采取相应措施保护系统安全。

（3）漏洞扫描

漏洞是脆弱性的一个子集，专指可通过扫描器发现的脆弱性，其中部分漏洞具有国际上标准的 CVE 编号（如果组织没有安全管理负责人之类的脆弱性则不被认为是漏洞）。系统支持分布式的漏洞扫描模式，以及具备集中的漏洞分析、处理功能。

（4）Web 漏洞扫描

随着网络科技的不断变革、发展，相对于高成本、难维护的 C/S 架构软件，较为便捷的 B/S 架构 Web 应用被广泛应用于政府部门、网上购物、银行交易、虚拟货币等领域。随之而来的则是突出的安全问题，据知名站点（EXPLOIT-DATABASE）数据统计，至 2017年年底已发现的 Web 漏洞有 22600 多个，且数量日渐增多。

（5）资产管理

安全资产是基线配置核查系统的管理对象。与 ISO27001 中关于资产的定义略有不同，基线配置核查系统中的资产特指具有 IP 地址的 IT 类设备及在此之上运行的、可管理的服务、应用。

（6）告警管理

告警管理是指针对用户特别需要关注的安全问题进行告警，这些问题来源于高危漏洞、安全基线违规问题等。

（7）报表管理

报表管理可用于展示系统安全工作的结果。报表内容为各种信息的统计情况，包括告警报表、资产报表、安全基线报表、配置变更报表、漏洞报表、工单报表等。

（8）知识库管理

知识库管理为系统运行和维护提供了知识来源，为安全管理员处理安全问题提供了依据、方法和参考。

（9）系统管理

系统管理的主要内容是管理支撑平台正常运行的各种基础功能实现和参数配置。

安全配置核查系统部署示意图如图 5-20 所示。

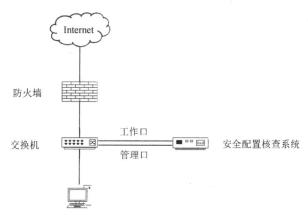

图 5-20　安全配置核查系统部署示意图

安全配置核查系统以旁路模式接入网络的交换机，与核查的网络设备、安全设备、服务器等路由可达即可。安全配置核查系统的工作流程图如图 5-21 所示。

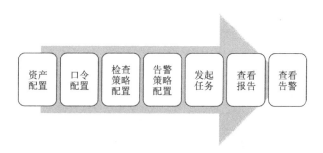

图 5-21　安全配置核查系统的工作流程图

14. 终端检测与响应技术

传统终端安全产品以策略、特征为基础，辅以组织规定及人员操作制度驱动威胁防御。勒索病毒等高级威胁一旦产生，将可能在内网发生不可控的病毒传播，而基于特征匹配的杀毒机制无法有效抵御这种新型病毒。正因如此，运用终端检测与响应技术，有助于组织全方位地做好终端安全防护工作，确保主机系统日常安全、稳定、高效地运行势在必行。

终端检测与响应技术是围绕终端安全生命周期（预防、防护、检测、响应四个阶段）响应闭环的技术，以实现病毒在终端驻留时间最小化为目标。在当前传统安全体系建设中，网络的边界隔离安全产品在没有终端安全产品配合的情况下，一旦被从内部突破，外部防御系统随即失去意义。同时，传统杀毒软件仅能实现对规则库能识别的病毒的查杀，无法在终端上形成预防、防护、检测、响应整个安全闭环，无法形成整体化的终端安全有效防护体系。终端检测与响应技术的概念就是基于以上问题诞生的。

终端检测与响应系统总体架构图如图 5-22 所示，主要包括基础平台、核心引擎、系统功能三部分。

图 5-22　终端检测与响应系统总体架构图

基础平台：由主机代理、恶意文件查杀引擎、Web 控制台三部分组成。该平台是终端检测与响应系统良好运行的基础支撑，提供终端安全防护功能的基本运行环境，负责功能指令的发布及消息的接收、发送、执行。

核心引擎：由人工智能安全引擎、云端威胁情报、第三方引擎组成，用以实现病毒有效检测及快速响应功能。

系统功能：由预防、防御、检测、响应四部分组成，通过这四部分功能对终端采取加固措施，有效抵御木马病毒等威胁，达到安全、有效的终端防护效果。

终端检测与响应系统部署示意图如图 5-23 所示。

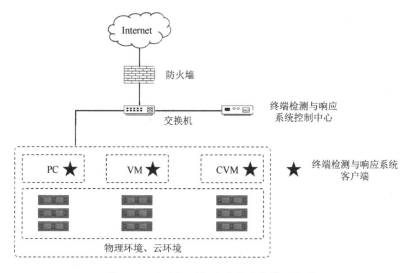

图 5-23　终端检测与响应系统部署示意图

终端检测与响应系统一般支持 C/S 和 B/S 模式。终端检测与响应系统的部署无须对网络架构进行调整或对网络设备进行配置，系统控制中心以旁路模式接入内网，在办公环境的所有主机（包括物理 PC 终端、虚拟机、物理服务器、云主机）上安装终端检测与响应系统客户端代理软件，确保被管理主机能连通控制中心。安全管理员通过 B/S 管理中心对全网已安装终端检测与响应客户端代理的主机进行策略设定和下发、监控管理、安全审计等操作，终端检测与响应系统客户端代理软件则负责策略接收、任务执行、日志上报等事项，以便整体保障终端安全。

15. 可信计算技术

"可信计算"需要硬件安全模块的支持。可信计算平台由信任根、硬件平台、操作系统和应用系统组成。可信硬件安全模块担任信任根的角色，它是一个含有密码运算部件和存储部件的小型片上系统，通过密钥技术、硬件访问控制技术及存储加密技术等保证系统和数据的信任状态，通过信任根—硬件—操作系统—应用系统这条"信任链"保证数据的安全性。目前我国可信计算软/硬件的发展已基本达到体系化要求，甚至在有些方面处于国际领先水平。

通过可信设备验证、远程证明、可信网络连接等技术，可实现防身份盗用、保护系统、数据安全等。可信计算技术的出现为信息安全带来了全新革命。

动态可信验证能够在系统运行过程中，通过分析数据文件得到的度量值，对系统运行后的数据文件的可信性和安全性进行监控，防止恶意攻击程序通过对特殊数据文件（如系统配置文件）的修改达到入侵的目的。动态可信验证对系统的可信性和安全性保护贯穿于整个运行过程，提高了系统的安全性。

动态可信验证是系统的核心保障，是监控系统运行状态、度量进程行为、分析系统可信性的关键。动态可信验证功能模块实时监视系统内所有关键进程、模块、执行代码、数据结构、重要跳转表等，对系统进程的资源访问行为进行实时度量和控制，是保障系统安全运行、安全机制不被"旁路"和篡改的核心部件。动态可信验证模块可以针对不同的度量对象，采用合理的度量方法，选择合适的度量时机，对系统的运行进行全面度量，确保系统可信。

16. 网络空间拟态防御技术

网络空间拟态防御（Cyber Mimic Defense，CMD）技术是一种典型的主动防御技术。CMD 是国内研究团队首创的主动防御理论，为应对网络空间中基于未知漏洞、后门或木马病毒等的未知威胁，提供具有普适及创新意义的防御理论和方法。CMD 类似于生物界的拟态防御，在网络空间防御领域，在目标对象给定服务功能和性能不变的前提下，其内部架构、冗余资源、运行机制、核心算法、异常表现等环境因素，以及可能附着其上的未知漏洞、后门或木马病毒等都可以做策略性的时空变化，从而对攻击者呈现出"似是而非"的场景，以此扰乱攻击链的构造和生效过程，使攻击成功的代价倍增。目前，CMD 理论的原型系统已经通过测试验证和专家评估，包括拟态 Web 服务器、拟态路由器、拟态云、拟态文件和存储系统、拟态工业控制处理器等。

5.2   安全区域边界相关技术要求

不同安全级别的网络连接产生了网络边界，为防止来自网络外界的入侵就要在网络边界上建立可靠的安全防御措施。非安全网络互联带来的安全问题与网络内部的安全问题是截然不同的，主要是因为攻击者不可控，所以攻击不可溯源，因此也无法进行"封杀"。一般来说，网络边界的安全问题主要有黑客入侵、病毒传播和网络攻击等。网络边界是入侵者的必然通道，边界安全建设可以通过设置不同层面的安全关卡、建立受控区域、在区域内架设安全监控体系，对进入网络的每个入侵者进行跟踪、审计其行为等。安全区域边界防护的关键技术主要包括以下几个方面。

1. 访问控制技术

网络隔离的本质是不同网段之间的隔离，不同网段之间是通过路由器连通的，要控制某些网段之间不互通或有条件的互通，就需要使用访问控制技术。访问控制技术一般是通过防火墙实现的。

防火墙技术是一种将内网和公众访问网分开的技术，实际上是一种隔离过滤防御技术。防火墙位于两个（或多个）内网之间，通过执行访问策略来达到隔离和过滤的目的，是最常用的网络安全技术。防火墙主要用于过滤、屏蔽和阻拦有威胁的数据包，只允许授权的数据包通过，以保护网络的安全。防火墙是内、外网通信的主要途径，能根据制定的访问规则对流经它的信息进行监控和审查，从而保护内网不被外界非法访问和攻击。

传统的防火墙通常是基于访问控制列表（ACL）进行包过滤的，位于内部专网的入口处，俗称"边界防火墙"。随着防火墙技术的发展，出现了一些新的防火墙技术，如应用网关技术和动态包过滤技术。在实际运用中，这些技术的差别非常大，有的工作在 OSI 参考模型的网络层，有的工作在传输层，还有的工作在应用层。除了访问控制功能，现在大多数的防火墙制造商在自己的设备上还集成了其他的安全技术，如 NAT 和 VPN、病毒防护技术等。

防火墙技术的功能主要在于及时发现并处理网络运行时可能存在的安全风险、数据传输风险等，处理措施包括隔离与保护。同时，防火墙可对网络事件中的各项操作实施记录、检测和审计，以确保计算机网络运行的安全性，保障用户资料与信息的完整性。

通过对精细化的访问控制列表的设置，防火墙可实现数据中心隔离、企业总部与分支机构互联、互联网边界防护，以及企业内网不同安全区域之间网络流量的控制与隔离。数据中心安全隔离场景如图 5-24 所示。

防火墙以网关模式部署在网络中，所有流量均经过防火墙处理。通过配置访问控制策略，防火墙能够对经过的数据包进行放通或阻拦。

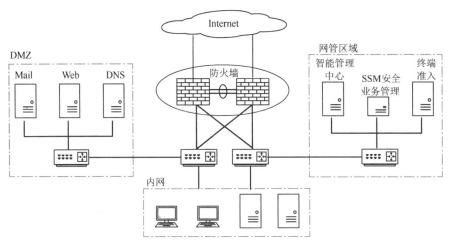

图 5-24　数据中心安全隔离场景

2. 安全隔离与信息交换技术

安全隔离与信息交换技术是一种通过带有多种控制功能的专用硬件，能在电路上切断网络之间的链路层连接，并能在网络间进行安全、适度的应用数据交换的技术。最常见的安全隔离与信息交换产品就是安全隔离与信息交换系统，也称网闸。安全隔离与信息交换系统是新一代高安全度的信息安全防护设备，它依托安全隔离技术为信息网络提供更高层次的安全防护能力，不仅使得信息网络的抗攻击能力大大增强，而且有效地防范了信息外泄事件的发生。安全隔离与信息交换系统的主要用途是在保障信息安全的前提下，在两个不同安全级别的网络区域间进行适度、可靠的数据交换，主要用来保护重点服务器和内网在与外网进行数据交换时不被入侵、攻击。

安全隔离与信息交换系统分别由内、外网处理单元与数据交换单元（专用隔离芯片）三部分组成。内、外网处理单元是一台专有的网络安全计算机设备，连接内、外网络。内、外网处理单元之间通过专用的隔离芯片进行数据的摆渡传输，其过程类似 U 盘拷贝。当专用隔离芯片与内网联通时，与外网的连接电路是断开的；当隔离部件与外网联通时，与内网的连接电路是断开的，从而在确保网络隔离的前提下实现适度的数据交换。安全隔离与信息交换系统具有安全隔离、信息交换、网络访问控制、数据内容审查、缓存空间、传输数据管理，以及双重安全防护机制等功能。

安全隔离与信息交换系统用于隔离网络数据交换，提供 HTTP、HTTP PROXY、SMTP、POP3、FTP、Oracle、SIP-28281、RTSP 等应用级检测通道，使用户可以在两边网络隔离的前提下（如底层 TCP/IP 协议被彻底阻断），实现上述应用的互访。安全隔离与信息交换技术使得系统间不存在通信的物理连接、逻辑连接及信息传输协议，不存在依据协议进行的信息交换，只存在以数据文件形式进行的无协议摆渡。因此，安全隔离与信息交换系统从逻辑上隔离、阻断了对内网具有潜在攻击可能的一切网络连接，使外部攻击者无法直接入侵、攻击或破坏内网，保障了内部主机的安全。安全隔离与信息交换系统专用于解决政府、军工、医院、工商、税务、金融、公检法等行业隔离网络信息交换问题。

安全隔离与信息交换系统部署示意图如图 5-25 所示。

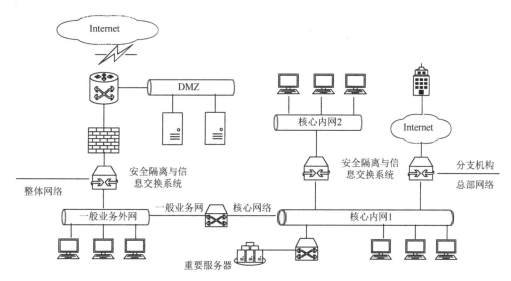

图 5-25　安全隔离与信息交换系统部署示意图

适用场景：

- 整体网络与 Internet 之间的安全隔离；

- 分支机构与总部网络之间的安全隔离；

- 核心网络与一般业务网之间的隔离；

- 核心网络内不同区域之间的安全隔离；

- 重要服务器的隔离等。

（1）单台部署模式

单台安全隔离与信息交换系统串行在内网和外网之间，外端接口只能接外网或外网服务器，内端接口只能接内网或内网服务器，确保内、外端分别于内、外网路由可达，支持网口绑定，对接冗余设备，同时配置应用通道及相关访问控制策略，如图 5-26 所示。

通过代理通道访问对端应用，根据公安部、保密局标准和规范不允许交换协议信息，不支持透明或路由部署模式。

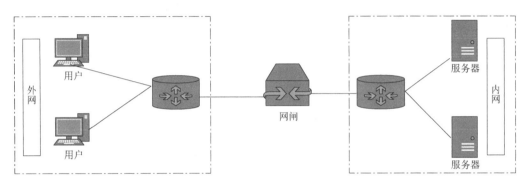

图 5-26　安全隔离与信息交换系统单台部署模式

（2）双机热备模式

两台安全隔离与信息交换系统配置 HA，串行接入内网和外网之间，外端接口接外网冗余设备，内端接口接内网冗余设备，确保内、外端分别于内、外网路由可达，支持网口绑定，同时配置应用通道及相关访问控制策略。与单机组网类似，外端接口只能接外网或外网服务器，内端接口只能接内网或内网服务器，如图 5-27 所示。

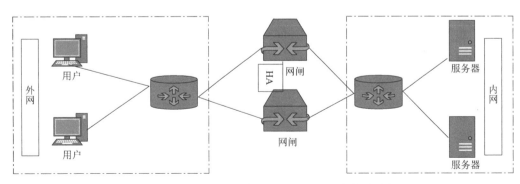

图 5-27　安全隔离与信息交换系统双机热备部署模式

通过代理通道访问对端应用，根据公安部、保密局标准和规范不允许交换协议信息，不支持透明或路由部署模式。

3. 跨网数据交换技术

跨网数据交换产品一般以二主机+专用隔离部件的"2+1"方式组成，即由内部处理单元、外部处理单元和专用隔离部件组成。其中，专用隔离部件既可以是由包含电子开关并固化信息摆渡控制逻辑的专用隔离芯片构成的隔离交换板卡，也可以是经过安全强化的运行专用信息摆渡逻辑控制程序的主机。跨网数据交换产品用于连接两个不同的安全域，实现两个安全域之间应用代理服务、协议转换、信息流访问控制、内容过滤和信息摆渡等功能。跨网数据交换产品中的内、外部处理单元通过专用隔离部件相连，专用隔离部件是两个安全域之间唯一的可信物理信道。该内部信道裁剪了 TCP/IP 等公共网络协议栈，采用私有协议实现协议隔离。在一些安全性要求较低而实时性要求较高的场合，专用隔离部件采用私有协议，以逻辑方式实现协议隔离和信息摆渡。

图 5-28 所示为跨网数据交换产品的典型应用场景，安全域 A 和安全域 B 分别连接跨网数据交换系统的不同前置主机，两台主机之间的数据交互通过专用的隔离部件实现基于私有协议的传输来保证数据交换的安全性。在一些安全性要求较高而实时性要求相对较低的场合，专用隔离部件还会采用一组互斥的分时切换电子开关来实现内部物理信道的通断控制，以分时切换连接方式完成信息摆渡，从而在两个安全域之间形成一个不存在实时物理连接的隔离区。

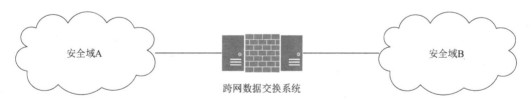

图 5-28　跨网数据交换产品的典型应用场景

4. 安全隔离与信息单向导入技术

安全隔离与信息单向导入是在安全隔离与信息交换技术的基础上，基于光的单向性发展起来的单向隔离技术。市面上常见的安全隔离与信息单向导入产品有安全隔离与信息单向导入系统（单向隔离光闸）、单向导入装置等。

计算机网络通过物理连接和逻辑连接实现不同网络之间、不同主机之间、主机与终端之间的信息交换与信息共享。安全隔离与信息单向导入系统既然隔离、阻断了网络的所有连接，实际上就是隔离、阻断了会话的连通。安全隔离与信息单向导入系统借鉴传统光闸技术，使用数据"摆渡"的方式实现两个网络之间的信息交换。

网络的外部主机系统通过安全隔离与信息单向导入系统与网络的内部主机系统"连接"起来，安全隔离与信息单向导入系统将外部主机的 TCP/IP 全部剥离，将原始数据通过存储介质，以单向发送的方式导入内部主机系统，内部主机系统再将相应的信息发送给真正的使用者或在本地备份。

安全隔离与信息单向导入系统在网络的第七层将数据还原为原始数据文件，然后以"摆渡文件"的形式来传递原始数据。下面以信息流由外网到内网为例，说明通过安全隔离与信息单向导入系统的信息传输过程。

安全隔离与信息单向导入系统由内网处理单元、外网处理单元与单向传输单元（单向光纤通道）组成。内、外网处理单元采用特殊安全电路设计，具有极高的稳定性与可靠性。单向传输单元采用专用安全传输控制硬件加 SFP 光模块，通过层层搬运的方式实现信息的单向安全传输。

安全隔离与信息单向导入系统的工作原理是，在内、外网处理单元中独立完成网络协议终止、内容检查与日志审计，将符合安全策略的数据内容提交至安全数据交换区等待数据传输。单向传输单元按照设定的周期由外网处理单元的安全数据交换区将数据内容提取并单向传输至内网处理单元的安全数据下载区，等待用户读取或传输至指定的计算机上。同时，系统集成防病毒技术及扩展入侵检测技术，形成一套具有多重防护的安全解决方案。安全隔离与信息单向导入系统的工作原理图如图 5-29 所示。

安全隔离与信息单向导入系统的主要功能如下。

（1）物理单向传输

安全隔离与信息单向导入系统由内网单元、外网单元及单向传输单元三个物理部分组成。单向传输单元的物理单向传输由单向光纤实现。

（2）协议隔离

内、外网单元主机均采用安全操作系统，分别独立完成网络协议的终止。内、外网无法直接建立任何协议会话，从而阻断了以共同协议为载体的风险传递。

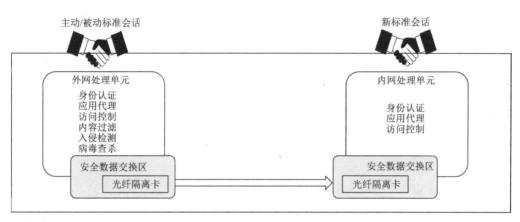

图 5-29　安全隔离与信息单向导入系统的工作原理图

（3）应用隔离

系统采用应用解码，客户应用可经过模块编码验证，只有符合白名单的编码规则的数据才可被传输至内网单元。

（4）内容隔离

外网单元分别对等待交换传输的数据进行内容检查与病毒查杀，不符合安全规定的数据内容将被直接删除，只有符合安全规定的数据内容才允许被安全数据交换单元交换至另一端，从而保证了数据内容的安全性。

（5）风险隔离

以白名单机制运行，仅允许正常的、用户许可的网络应用，防范未知的安全风险；集成防病毒并可扩展多种常规安全防护引擎；双重安全机制最大限度地实现了风险隔离。

5. 统一威胁管理

统一威胁管理（Unified Threat Management，UTM）是指一个功能全面的安全网关产品。与路由器和三层交换机不同的是，UTM 不仅可以连接不同的网段，还在数据通信过程中提供了丰富的网络安全管理功能。

2004 年 9 月，IDC 首度提出"统一威胁管理"的概念，即将防病毒、入侵检测和防火墙安全设备划归统一威胁管理新类别。该概念引起了业界的广泛重视，并推动了以整合式安全设备为代表的细分市场的诞生。由 IDC 提出的 UTM 是指由硬件、软件和网络技术组成的具有专门用途的设备，它主要提供一项或多项安全功能，将多种安全特性集成于一个硬设备，构成一个标准的统一管理平台。从这个定义上来看，IDC 既提出了 UTM 产品的具体形态，又涵盖了更加深远的逻辑范畴。从定义的前半部分来看，众多安全厂商提出的多功能安全网关、综合安全网关、一体化安全设备等产品都被划归到 UTM 产品的范畴；而从后半部分来看，UTM 的概念还体现出信息产业在经过多年发展之后，对安全体系的整体认识和深刻理解。UTM 设备具备的基本功能包括网络防火墙、网络入侵检测/防御和网关防病毒。

虽然 UTM 集成了多种功能，但是不一定要同时开启。根据不同用户的不同需求及不同的网络规模，UTM 产品分为不同的级别。也就是说，如果用户需要同时开启多项功能，则需要配置性能比较高、功能比较丰富的 UTM 产品。

UTM 集成软件的主要功能包括访问控制功能、防火墙功能、VPN 功能、入侵防御功能、病毒过滤功能、网站及 RUL 过滤功能、流量管理控制和网络审计等。目前，业内 UTM 通常包含入侵防御（IPS）、防病毒（AV）、应用识别等安全功能，可以实现基于 IP 地址、端口、用户、应用和内容等多种维度的细粒度业务访问控制，并且提升威胁防御的效率和准确性。

6. 威胁情报技术

威胁情报是一种基于证据的知识，包括情境、机制、指标、影响和操作建议。威胁情报描述了现存的或即将出现的、针对目标的威胁或危险，并可以用于通知主体针对相关威胁或危险采取某种响应。威胁情报就是企业潜在的与非潜在的危害信息的集合（漏洞、C2、攻击者信息等）。这些信息通常会帮助企业判断当前面临的威胁现状与趋势（被攻击、已失陷等，处于攻击链的某个阶段），企业能够根据威胁情报制定相应的安全策略，将网络攻击造成的影响最小化。简而言之，威胁情报就是整个攻击链各个阶段的关键威胁信息集合，威胁情报技术是目前最广泛、最常用的安全防御手段。

应用威胁情报的目标是能够进行防御、阻断与响应。本文所讲的威胁情报主要来自域名库、文件库、漏洞库、指纹库、IP 地址信誉库等，各类安全设备通过使用这些库能够根据特征快速地匹配出情报中所关联的攻击和威胁。威胁情报库中的情报信息一般是某种攻击手法的特征，通过匹配该特征，能够快速、准确、有效地识别出攻击和安全问题。

威胁情报总体处理流程分为三部分：情报数据源采集、威胁情报分析、威胁情报发布，如图 5-30 所示。

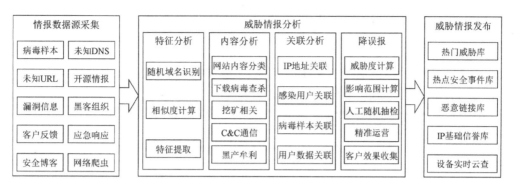

图 5-30　威胁情报总体处理流程

下面介绍几方面比较重要的内容。

（1）情报数据采集

情报产出一般分为内部情报产出和外部情报产出。其中，内部情报产出主要来自重要出口的未知流量数据及病毒样本的分析数据，内部情报产出占情报产出总量的 95%；外部情报产出的主要是一些开源情报及第三方合作产生的情报。

（2）情报数据处理系统

情报数据处理系统主要包括：引擎分析系统、特征鉴定系统、降误报系统，情报数据处理流程如图 5-31 所示。

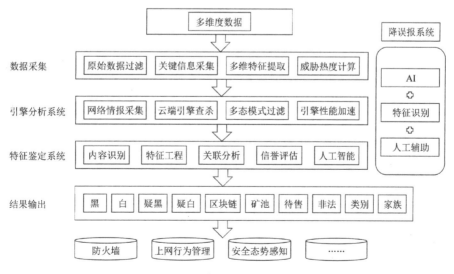

图 5-31　情报数据处理流程

引擎分析系统：未知数据经过特征鉴定之后，剩余的数据会被送入引擎分析系统进行处理。通过鉴定恶意域名的引擎，从不同的维度特征对恶意域名进行识别，引擎分析系统会综合给出一个疑似黑域名的信誉值，同时给出这个域名的一个分类。为了提高威胁情报的质量，引擎分析系统还可以结合白名单生成系统，自动化地生成稳定可靠的白域名，形成企业客户环境的白名单。

特征鉴定系统：特征鉴定系统负责过滤掉有特征的域名。首先，由于每天收集到的有特征的域名数量庞大，不可能把大量的此类域名加入情报库；其次，这些域名每天都在变化，加入情报库是没有意义的；最后，这部分域名都有一定特征，可以用算法实现准确识别。

降误报系统：经过引擎分析系统处理之后的疑似黑域名、URL、IP 地址等的域名会被送入降误报系统。降误报系统采用图关联分析、病毒家族聚类、影响范围评估、人工抽检等方法，进一步降低威胁情报误报的可能。经过降误报处理之后的黑域名、URL、IP 地址，将被加入威胁情报库。

（3）未知情报挖掘技术

基于沙箱系统，情报数据处理系统利用未知情报挖掘技术每天对几十万个病毒 PCAP 进行流量解析，提取出域名/URL/IP 等数据，并送入情报分析系统，经过分析提取出威胁情报。病毒流量分析工作流程图如图 5-32 所示。

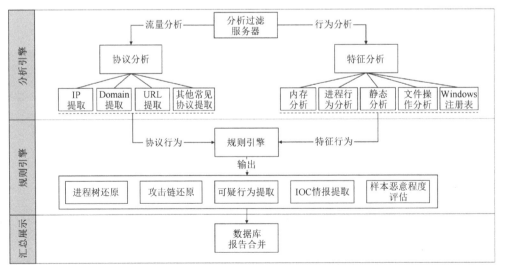

图 5-32　病毒流量分析工作流程图

对于病毒流量，首先分析病毒流量中是否存在漏洞利用/C2 行为/扫描爆破等行为信息；然后提取 DNS 协议中的 C2 域名、HTTP 中的恶意 URL 加入威胁情报库中。

7. 抗 DoS 攻击技术

DoS 是 Denial of Service 的简称，即拒绝服务，造成 DoS 的攻击行为被称为 DoS 攻击，其目的是使计算机或网络无法提供正常的服务。DoS 攻击一般利用网络协议的缺陷，或者直接采用野蛮手段耗尽被攻击对象的带宽或应用资源，让目标网络或系统无法提供正常服务。DoS 攻击还经常使用分布式攻击方式，即 DDoS 攻击，具有更大的破坏性。

针对 DoS 攻击需要从多个方面进行防范，如及时修复系统漏洞、关闭多余服务端口、部署安全设备等。当前防火墙基本上都支持对网络层 DoS 攻击的防御，针对 CC 攻击等应用层的 DoS 攻击可以通过部署 Web 应用防火墙进行防御，但针对由大量"肉鸡"组成的"僵尸"网络发起的 DDoS 攻击，则需要通过部署专业的抗 DDoS 设备进行防护。当攻击流量足够大时，安全设备也将难以防范，此时往往需要借助运营商紧急扩容带宽、借助高防 CDN 对外提供服务或提供备份网络等多种方式进行应对。

抗 DoS 攻击系统一般支持串联部署模式和旁路部署模式。

（1）串联部署模式

串联部署模式是指将抗 DoS 攻击系统直接部署于主线路出口处，就像交换机一样，所有进出的数据都经过抗 DoS 攻击系统，对正常流量放行，对攻击流量拦截，保证到达客户服务器的流量数据都是干净的正常流量。抗 DoS 攻击系统串联部署模式如图 5-33 所示。

抗 DoS 攻击系统串联部署模式的特点为部署简单；无须流量牵引；经过 Bypass，避免单点故障；适用于对稳定性要求不高的单位，如政府、企业等。

（2）旁路部署模式

旁路部署模式是指将抗 DoS 攻击系统部署在主交换的支路上，将流量牵引至抗 DoS 攻击系统。当有攻击发生时，抗 DoS 攻击系统将对攻击流量进行过滤，保证到达客户服务器的流量数据是清洗干净的正常流量。抗 DoS 攻击系统旁路部署模式如图 5-34 所示。

抗 DoS 攻击系统旁路部署模式的特点为对业务影响小、部署和配置相对复杂、适合稳定性要求较高的单位，如金融、运营商等。

图 5-33　抗 DoS 攻击系统串联部署模式　　　　图 5-34　抗 DoS 攻击系统旁路部署模式

5.3　安全通信网络相关技术要求

安全通信网络的设计首先应划分合理的网络安全区域，通过访问控制技术控制和识别不同安全区域之间的网络流量，对接入网络的设备进行识别和限制，对使用网络资源的用户进行身份鉴别和授权等。安全通信网络涉及的关键技术如下。

1. 网络结构安全

网络结构安全是网络安全的前提和基础。对于数据中心网络，选用主要网络设备时应充分考虑业务处理能力，保证冗余空间满足业务高峰期的需要；网络各个部分的带宽需要保证接入网络和核心网络满足业务高峰期的需要；按照业务系统服务的重要次序定义带宽分配的优先级，在网络拥堵时优先保障重要主机；合理规划路由，在业务终端与业务服务器之间建立安全路径；绘制与当前运行情况相符的网络拓扑结构图；根据各子系统的业务属性及系统需求，划分不同的网段或 VLAN；保证有重要业务系统及数据的重要网段不能直接与外部系统连接，需要单独划分区域，和其他网段隔离。

此外，无论用户的数据中心内部采用多么完善的冗余机制、安全防范工具及先进的负载均衡技术，单个数据中心的运行方式仍然存在业务中断风险，如自然灾害侵袭、断电灾难性故障等，无法完全保证关键业务可以 7×24 小时不间断运行。同时，随着业务的扩大，访问用户可能遍布全球，要使这些在不同物理位置的用户能获得相同的访问速度，单一的数据中心无法实现。

基于以上两个原因，在不同物理位置构建多个数据中心的方式已经成为服务供应商的必然选择。因此，如何通过有效手段实现多个数据中心间的协调工作，引导用户访问最优的站点，并保证当某个站点出现故障后，仍然可以访问其他站点上的关键业务等问题成为用户最关注的问题。全局负载均衡技术能够帮助服务供应商通过将相同服务内容部署在处于不同物理地点的多个数据中心中，得到更高的可用性、性能，以及更加经济和无懈可击的安全性，并使得全球范围内的客户更快地获得响应。负载均衡产品部署示意图如图 5-35 所示。

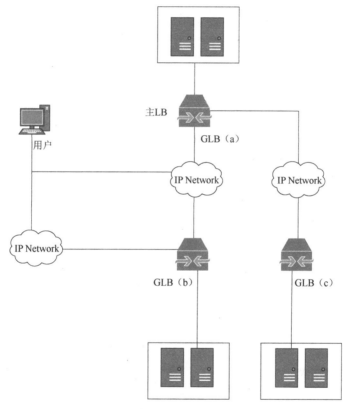

图 5-35　负载均衡产品部署示意图

根据应用的网络部署，负载均衡可以分为链路负载均衡和全局负载均衡两类。

链路负载均衡是指服务器群集中在一个物理位置，链路负载均衡设备位于服务器群前面，对所有访问流量在集群内部进行分发。

全局负载均衡是指服务器集群位于不同的地理位置，有不同网络结构，每个服务器集群前都部署一个全局负载均衡设备，各全局负载均衡设备协同工作。全局负载均衡主要用于在一个多区域拥有自己服务器的站点。全局负载均衡既可以使全球用户只用一个 IP 地址或域名就能访问到离自己最近的服务器，从而获得最快的访问速度，也可以使子公司分散、站点分布广的大公司通过 Intranet（企业内部互联网）达到资源统一合理分配。

全局负载均衡实现的地理位置无关性是指能够远距离为用户提供完全透明的服务，除了能避免由于服务器、数据中心等引起的单点失效，也能避免由 ISP 专线故障引起的单点失效。全局负载均衡解决了网络拥塞问题，提高了服务器的响应速度，实现服务就近提供，达到了更好的访问质量。

全局负载均衡技术基础：能够将唯一的 IP 地址或域名作为所有提供相同服务的数据中心的逻辑入口点；网络访问用户对数据中心的访问请求能直接或间接通过全局负载均衡技术实现。

全局负载均衡技术应该具有如下功能。

- 多种均衡策略，以便于应对不同的组网方式。
- 具有灵活的调度算法，以确保用户总能访问可以为其提供最优服务的数据中心的内容。
- 完善的持续性方法，确保用户在处理业务时的连续性，避免将用户同一业务的会话请求，分发到不同的数据中心而造成访问失败。
- 可靠的健康监测功能，能够及时掌握各数据中心或数据中心内部服务器的健康状况，当某个数据中心出现故障时，保证把后续用户的访问导向正常运行的数据中心。

2. 入侵防御技术

入侵防御技术是一种可以对应用层的攻击进行检测并防御的安全防御技术。入侵防御系统（IPS）通过分析流经设备的网络流量来实时检测入侵行为，并通过一定的响应动作来阻断入侵行为，达到保护企业信息系统和网络免遭攻击的目的。

IPS 支持如下功能。

深度防护：可以检测应用层报文的内容，对网络数据流进行协议分析和重组，并根据检测结果对报文做出相应的处理。

实时防护：实时检测流经设备的网络流量，并对入侵活动和攻击性网络流量进行实时拦截。

全方位防护：可以提供对多种攻击类型的防护措施，如蠕虫病毒、木马病毒、僵尸网络、间谍软件、广告软件、CGI 攻击、跨站脚本攻击、注入攻击、目录遍历、信息泄露、远程文件包含攻击、溢出攻击、代码执行、拒绝服务、扫描工具、后门等。

内外兼防：对所有流经设备的流量都可以进行检测，不仅可以防止来自企业外部的攻击，还可以防止来自企业内部的攻击。

IPS 的部署模式根据使用场景可以分为串联部署模式和旁路部署模式。

在串联部署模式下，入侵防御设备以三层交换模式部署在网络中，所有流量均经过入侵防御设备处理，如图 5-36 所示。通过配置入侵防御策略，能够对经过的数据包进行深度报文检测。在此模式下，入侵防御设备支持路由转发功能，IPS 的 WAN 口与广域网接入线路相连且支持光纤或路由器，LAN 口（DMZ 口）同局域网的交换机相连，内网 PC 将网关指向 IPS 的 LAN 口。

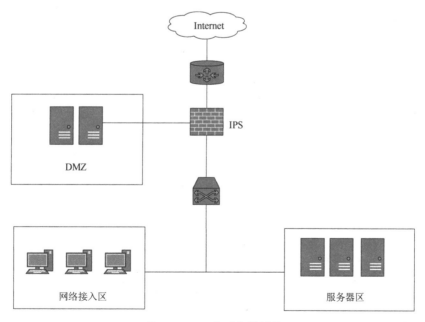

图 5-36　IPS 串联部署模式

旁路部署模式又称 INLINE 黑洞模式，用户通过配置将某接口收到的报文处理完以后丢弃。INLINE 转发是在数据链路层对流量进行安全监控的一种技术，目前这种技术主要应用于安全产品。通过 QoS 策略将经过核心交换设备的网络流量引流到 IPS 上，由 IPS 进行深度报文检测，报文处理后丢弃。通过配置相关入侵防御策略能够实现对用户或服务器的安全审计功能。IPS 旁路部署模式适用于不希望更改网络结构、路由配置、IP 配置的环境，在此模式下，不支持网关模式下的路由功能、源地址转换、目的地址转换、双向地址转换等功能。

IPS 旁路部署模式如图 5-37 所示。

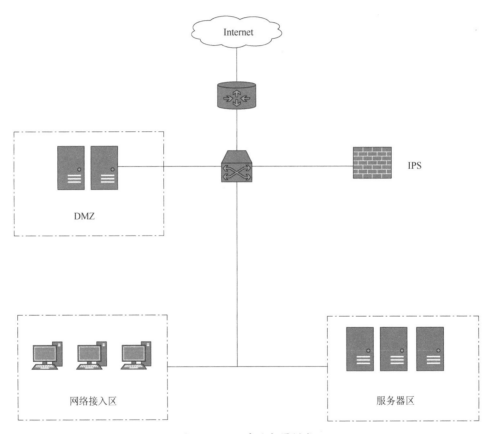

图 5-37　IPS 旁路部署模式

IPS 的 WAN 口同出口交换机相连，通过二层引流或镜像将流量牵引至 IPS，局域网内的任何网络设备和 PC 都不需要更改 IP 地址。

3. 上网行为安全审计

为满足通信网络安全审计的要求，需要在网络中建立基于网络的安全审计措施。

上网行为审计产品是专用于防止非法信息恶意传播和避免国家机密、商业信息、科研成果泄露的产品，可实时监控、管理网络资源使用情况，提高整体工作效率。上网行为审计产品适用于需要实施内容审计与行为监控、行为管理的网络环境，尤其是按等级进行计算机信息系统安全保护的相关单位或部门。上网行为审计产品几乎都可以化身为 URL 过滤器，用户所有访问的网页地址都会被系统监控、追踪及记录，如果是对合法地址的访问则不做限制，如果是非法地址则会被禁止或发出警告，而且每一次对访问行为的监控都是具体到每一个人的，这在一定程度上成为黑白名单的一种限定。

上网行为审计产品应具备上网人员管理、上网浏览管理、上网外发管理、上网应用管理、上网流量管理、上网行为分析、上网隐私保护、风险集中告警等功能。该产品可以以路由部署模式、旁路部署模式、透明部署模式及混合模式部署在网络的关键节点，融合了应用控制、行为审计、网络优化等全面功能。

上网行为审计产品路由部署模式（见图 5-38）如下所述。

- 路由部署模式适用于大中型企业用户，将上网行为审计产品以透明方式在线部署于网络出口处，无须改变网络拓扑。
- 对网络社区/P2P/IM/网络游戏/炒股/网络视频/网络多媒体/非法网站访问等各种应用进行监控和管理，保障关键应用和服务的带宽。
- 对用户上网行为进行分析与审计。
- 支持 VPN/MPLS/VLAN/PPPoE 等复杂网络环境。
- 支持设备本地日志记录和集中分析处理，可以多台分布式部署并进行统一管理。

上网行为审计产品旁路部署模式（见图 5-39）如下所述。

- 旁路部署模式适用于不改变网络拓扑，仅做行为审计的场景，一般将上网行为审计产品部署于核心层。
- 对用户上网行为进行分析和审计。
- 提供日志记录、日志导出功能。

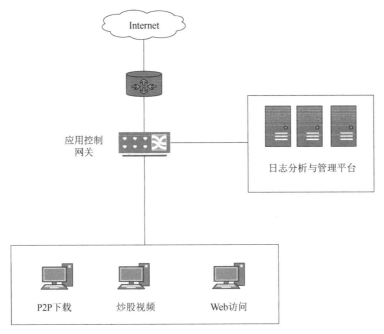

图 5-38　上网行为审计产品路由部署模式

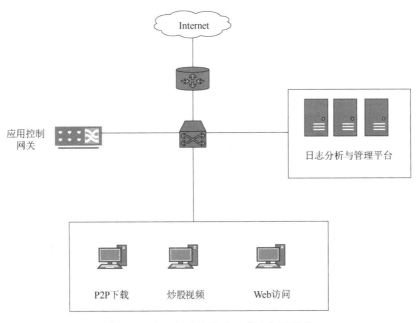

图 5-39　上网行为审计产品旁路部署模式

上网行为审计产品透明部署模式（见图 5-40）如下所述。

● 透明部署模式适用于数据中心机房，可根据实际网络环境灵活地以串行路由或透明方式将上网行为审计产品部署于数据中心机房出口处。

● 提供身份认证功能，验证上网用户身份合法性。

● 对网络社区/P2P/IM/网络游戏/炒股/网络视频/网络多媒体/非法网站访问等各种应用进行监控和管理，保障关键应用和服务的带宽。

● 支持设备本地日志记录，日志也可发送到集中管理和数据分析中心处理，并可进行数据分析。

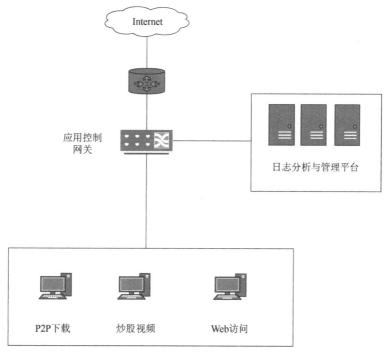

图 5-40　上网行为审计产品透明部署模式

4. 虚拟专用网络技术

虚拟专用网络（Virtual Private Network，VPN）指的是在公用网络的基础上构建的基于安全网络协议的专用网络，相当于在广域网络中建立一条虚拟的专用线路（通常称为隧道）。各种用户的数据信息可以通过 VPN 进行传输，不仅安全可靠，而且快捷、方便。

VPN 的功能是在公用网络上建立专用网络进行加密通信,实现数据包在公共网络传输过程中的机密性、完整性。VPN 网关通过对数据包的加密和对数据包目标地址的转换实现远程访问,在企业网络中被广泛应用。VPN 可通过服务器、硬件、软件等多种方式实现,目前常见的防火墙产品中均集成了 VPN 功能,包括 IPSec VPN、SSL VPN、L2TP VPN 等,既可以作为中小型企业的出口网关设备提供移动用户的 SSL VPN 接入,也可以作为广域网组网的分支或二三级中心设备提供点对点的 IPSec VPN 接入。VPN 技术典型组网如图 5-41 所示。

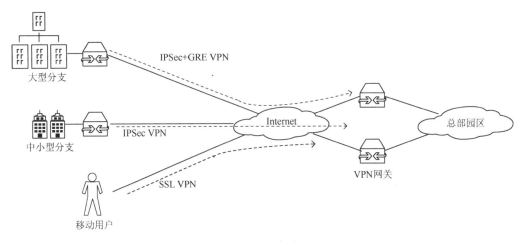

图 5-41　VPN 技术典型组网

5. 网络准入系统

信息系统需要建立网络接入认证机制,可采用由密码技术支持的可信网络连接机制,通过对连接网络的设备进行可信检验,确保接入网络的设备真实可信,防止设备的非法接入。

为保证信息系统对接入用户实行全生命周期的数字身份管理,实现用户访问凭证和接入权限的有效管理,记录用户的网络访问行为,从而在发生信息安全事件时能将责任追溯到人,需要采用网络或终端准入系统,以实现网络可信接入和用户的身份鉴别。网络准入系统的功能如下所述。

（1）终端准入功能

利用终端管理系统与交换机配合,采用 IEEE 802.1x 协议,共同完成网络准入控制。

（2）限制非法外联

应设定只有与终端管理系统通信的网卡才能发送和接收数据，禁止其他任何网卡发送和接收数据，包括多网卡、拨号连接，VPN 连接等。

6. 网络防病毒技术

防病毒网关是一种专注于防范网络恶意代码、网络恶意行为威胁的过滤网关产品，可有效防范、监控诸如勒索病毒、蠕虫攻击、木马通信、僵尸网络、口令探测等当前活跃的网络威胁。防病毒网关综合采用数据包结构分析、网络行为分析、特征识别、模式匹配、流量控制与自动抑制、协议分析、深度内容分析、专业防病毒、蠕虫过滤、木马通信阻断、口令嗅探识别、全透明桥接等技术，实现对网络威胁数据的精确过滤。在信息系统中，防病毒网关一般部署于网关处对病毒进行初次拦截，可将绝大多数病毒彻底剿灭在网络之外，将病毒威胁降至最低。

防病毒网关支持透明部署模式和路由部署模式等。在透明部署模式下，无须对网络现有拓扑结构进行更改便可以将防病毒网关直接接入，即插即用，灵活方便。透明部署模式下的防病毒网关可连接各个网络构成一个交换式网络，除安全管理外，防火墙本身的工作不需要 IP 地址，为隐式全透明防火墙。透明部署模式一方面降低了防病毒网关自身受到攻击的可能性，另一方面不需要改变网络拓扑结构和各主机与设备的网络设置，使系统安装变得简单。路由部署模式下的防病毒网关类似一个路由器，可以提供静态路由功能，可连接不同的网段。

对于集中防御外部网络威胁的用户，可采用透明部署模式直接将防病毒网关设备部署于网络边界（防火墙后），对进出网络的数据进行全面过滤，如图 5-42 所示。

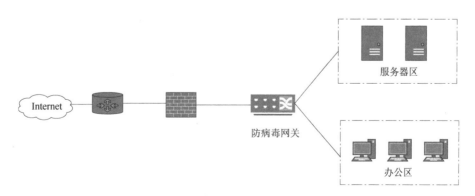

图 5-42　防病毒网关互联网出口部署示意图

由于办公网络有可能通过多种途径（网络访问、移动介质——U 盘/光盘/软盘、移动的笔记本电脑等）引入安全威胁，为避免这些难以控制的威胁扩散到业务网络，需要在网络之间进行数据隔离检查。可以将防病毒网关部署于需要隔离的网络之间，防止病毒等危害数据扩散，如图 5-43 所示。

图 5-43　防病毒网关网络区域间部署示意图

防病毒网关也可以以旁路模式接入网络，接入方式一般为端口镜像。将防病毒网关接入带有端口镜像功能的交换机监听端口，监听所有出入数据流，检测数据流中的病毒等传播破坏行为，如图 5-44 所示。

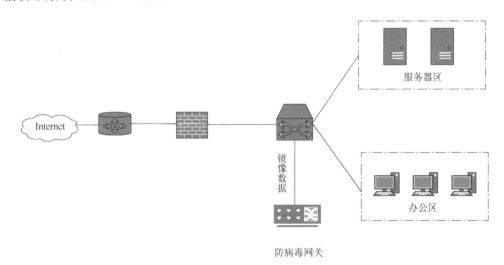

图 5-44　防病毒网关旁路部署示意图

在有多台分布式部署的 H3C SecPath 防病毒网关场景下，可依据组织架构或节点设定，划分上、下级（或多级）结构，安全管理员可选择任意一台设备作为集控中心，实现对其他设备的集中管控，提供特征库的统一升级和策略统一下发，简化日常管理流程，提升日常维护效率。

5.4   安全管理中心相关技术要求

建立安全管理中心，形成具备基本功能的安全监控信息汇总枢纽和信息安全事件协调处理中心，提高对网络和重要业务系统信息安全事件的预警、响应及安全管理能力；采集网络内所有的网络设备（交换机、路由器等）、安全设备（防火墙、入侵检测、安全审计设备等）和重要业务系统（操作系统、数据库、中间件等）的安全事件信息，对汇集的安全事件信息进行综合关联分析，从海量的信息中挖掘、发现可能的安全事件并且提前预警；实现安全事件、安全策略、安全风险和信息安全支撑系统的统一管理，实现安全运维流程的自动化管理，满足安全管理中心对安全事件及时响应处置的需求，实现整体安全态势多维度、多视角的展示，实现系统运行和安全监测的全景化及在线化。

1. 集中管控技术

集中管控的关键在于对全网资产的安全管理。安管一体机是实现集中管控功能较为成熟的安全产品，具有漏洞扫描、日志审计和运维审计功能，能够全面满足系统管理、审计管理、安全管理、集中管控的要求。安管一体机一般部署于运维管理区或直接以旁路模式部署于核心交换机旁，只需要提供安管一体机与管理资产之间的 IP 地址和协议可达网络，即可在功能上将"系统管理、审计管理、安全（主机）管理"整合形成多态化安全管理中心，如图 5-45 所示。

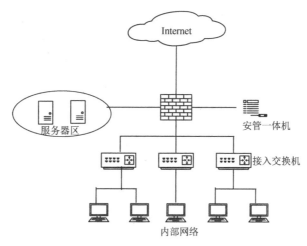

图 5-45　安管一体机部署示意图

安管一体机的综合日志审计系统通过强大的日志采集能力和分析功能，将大量分散设备的异构日志进行统一管理、集中存储、统计分析、快速查询，透过事件的表象真实地还原事件背后的信息，为用户提供真正可信赖的事件追责依据，深度保障业务运行的安全。

漏洞扫描功能通过配置扫描任务，定期对不同区域中的主机、数据库、Web 应用等进行全面、深入的检测，同时生成相应的漏洞解决方案。用户根据这些解决方案来对目标系统和应用进行相应的加固防护，将网络安全风险降到最低。

运维审计人员通过唯一的认证账户或双因素认证方式登录安管一体机的运维审计系统，查看有权限访问的目标资源。用户选择登录设备后会自动登录到相应目标设备，无须再手动输入要登录设备的系统账号、密码。

2. 综合网络管理系统

综合网络管理系统（INMS）作为安全运维中心，与网络安全设备进行协同防御，为用户提供全方位的安全防护服务，通过多种主动防御手段，在网络内部建立一个立体的防御体系，为用户提供一个安全的网络环境。综合网络管理系统采集网络基础设施的安全事件信息，并对海量的安全事件信息进行关联分析，评估网络安全风险，定位系统脆弱点。综合网络管理系统不仅针对设备层进行安全管理，还通过对用户业务系统进行建模、仿真业务流程，保证用户业务系统的可用性与可靠性。

最初的综合网络管理系统是一个理想的网络管理系统，通过该系统，网络管理者可以通过一个操作界面实现对被管理领域中各种异构网络（不同的网络管理接口协议、不同的管理信息模型、不同的网络管理需求等）的全面管理。另外，综合网络管理系统也是一个抽象的网络管理系统，目前网络和网络的管理接口还不能完全达到开放化及标准化的水平，而且综合网络管理系统覆盖的范围过大，因此很难具体地定义综合网络管理系统的实现方法、技术或结构，只能在有限的范围内完成这项工作，或者从概念上定义理想的综合网络管理系统，如简单网络管理协议（SNMP）和电信管理网（TMN）的综合网络管理系统、接口描述语言（IDL）和 SNMP 的综合网络管理系统等。只有根据具体的被管理网络来定义实现方案，综合网络管理问题才可以被具体化、实例化。

3. 网络安全态势感知技术

网络安全态势感知系统以安全大数据为基础，贯穿安全风险监控、分析、响应和预测的全过程，以威胁、风险、资产、业务、用户等为对象，基于安全日志、网络流量、用户行为、终端日志、业务数据、资产状态等多源数据，结合外部威胁情报，实现对网络安全态势的感知。通过全局状态评价、外部攻击评级、系统合规自检等手段，实现"事态可评估"；通过对攻击趋势分析、异常流量判断和终端行为检测，实现"趋势可预测"；通过对未知威胁的检测识别、对流量/行为/资产的状态监控和多维度风险分析，实现"风险可感应"；通过对攻击溯源取证、云网端协同联动、工单流程闭环处理和设备策略自适应调整，实现"知行可管控"。

网络安全态势感知在安全告警事件的基础上提供统一的网络安全高层视图，使安全管理员能够快速、准确地把握网络系统当前的安全状态，并以此为依据采取相应的措施。实现网络安全态势感知，需要在广域网环境中部署大量的、多种类型的安全传感器，结合外部情报，监测目标网络系统的安全状态；通过采集传感器提供的信息，并加以分析、处理，明确所受攻击的特征，包括攻击的来源、规模、速度、危害性等，准确地描述网络系统的安全状态，从而支持对网络安全态势的全局理解并及时做出正确的响应。

网络安全态势感知的关键在于采集和分析大量分散的异构传感器提供的安全事件信息，并将这些信息以恰当的方式呈现出来，从而使网络管理者能够迅速把握复杂、动态的网络安全态势。

图 5-46 所示为网络安全态势感知系统架构，该架构可划分为四个层次：数据采集层、计算存储层、业务能力层和系统服务层。

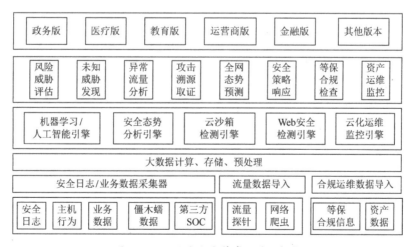

图 5-46　网络安全态势感知系统架构

（1）数据采集层

数据采集层主要采集网络入口处防火墙日志、入侵检测日志、网络中关键主机日志，以及主机漏洞信息、接入威胁情报。由于不同数据源对网络安全事件的定义通常具有不同的格式，需要先通过范式处理将数据归一化为统一格式，然后进行去除冗余及噪声数据操作。

（2）计算存储层

采用 Hadoop、MapReduce 和 Spark 构建大数据计算、存储、预处理平台。大数据存储支撑网络安全态势感知的海量日志存储与处理；大数据的快速处理为大量网络流量的深度安全分析提供了技术支持，为高智能模型算法提供了计算资源。

（3）业务能力层

通过机器学习/人工智能引擎安全态势分析引擎、云沙箱检测引擎、Web 安全检测引擎、云化运维监控引擎协同工作，通过融合、归并和关联底层多个检测设备提供的安全事件信息，从整体上动态反映网络安全状况，并对网络安全态势进行预测和预警。采用数据级（基础数据驱动）、特征级（安全事件驱动）、决策级（初级态势信息驱动）的分层数据处理融合分析模型，能够为不同目的的应用提供不同级别的信息，增强了分析模型的可用性，以及分析的全面性和准确性。

（4）系统服务层

通过网络安全态势感知系统和情报中心感知网络系统的安全状态、受攻击情况、攻击来源，掌握网络态势，制定有预见性的应急预案，做好相应的防范准备。通过安全云服务中心构建关键信息基础设施安全体系，增强网络安全防御能力和威慑能力。

网络安全态势感知系统通过采集全网原始流量数据、结合云端的威胁情报对海量安全数据进行挖掘和关联分析，对攻击、威胁、流量、行为、运维和合规等六大态势进行感知，生成全方位的安全全景视图，使用户能够快速、准确地掌握当前的网络安全态势，并以此为依据进行联动响应。

● 攻击态势感知。

通过对各种网络设备、安全设备、服务器、主机和业务系统等的日志信息采集分析，实现对整网安全攻击情况的可视化呈现和趋势预测。除了攻击类型、攻击趋势、攻击源和攻击目的 Top 分析呈现，在对二次攻击的模型分析、数据挖掘、攻击路径分析和追踪溯源等方面进行突破，为后续的安全策略生成及联动响应提供必要的技术支撑。

- 威胁态势感知。

威胁态势感知主要针对安全漏洞、蠕虫病毒、木马病毒和恶意代码等风险的检测情况，通过对入侵防御系统、防病毒网关、Web 安全网关、沙箱等多种设备进行信息采集和钻取分析，从多个维度将威胁形势进行呈现，同时结合外部情报信息，对未知安全风险进行分析、判断和预警，为后续的响应决策赢得时间。

- 流量态势感知。

流量分析是流量态势感知的重要内容，围绕用户、业务、关键链路和互联网访问等多个维度的流量分析，一方面可以实现对用户和业务访问的精细化管理，建立网络流量的多种流量基线，从而为后续的链路、带宽和服务器扩容提供技术支撑；另一方面，通过对多维度实时流量的监控，可以有效发现网络中的异常攻击流量、用户访问异常行为，以及 DDoS 攻击和蠕虫病毒攻击等信息，提升对流量攻击的风险把控及防御。

- 行为态势感知。

用户行为态势分析是提升内网安全合规性的重要手段，通过分析监控用户终端的进程、终端外部媒介的使用行为、互联网出口用户的流量访问及用户主机的各种 Email/FTP/HTTP/IM 等外发行为，结合机器学习和人工智能算法，准确找到用户行为之间的关联。一方面，可以为用户进行画像，对其访问轨迹、互联网访问的内容和关注重点等进行分析，同时通过数据挖掘找到其兴趣爱好，为后续的信息推送等服务提供支撑；另一方面，可对用户的邮件关键字、文件上传下载、HTTP 访问及即时通信言论敏感词进行安全审计，通过机器学习等算法找到其不同行为之间的关联，对潜在的用户异常行为进行挖掘和判断，确保满足安全合规和信息泄露防护要求。

- 运维态势感知。

运维态势感知围绕着用户、资产和业务的关联，聚焦资产或业务的状态监控、性能监控、配置基线管理、运维告警和故障诊断，结合大数据分析方法，全面感知和监控资产的运营状态和安全指数，为运维决策和联动响应提供可视化的呈现及简易化的操作。同时，运维态势感知可以实现对用户的远程代维代管，为后续的云安全运维增值业务的开展提供帮助。

● 合规态势感知。

在当前强调等保合规的情况下，企业安全合规检查是系统运行的前提条件。通过安全合规自检平台，内置专业等保工具箱，针对业务和应用层面，全面评估系统在业务流转、业务逻辑、业务交付等环节的安全风险，深度挖掘和识别网络各层面存在的安全漏洞，提升系统和业务的可控性、可靠性及合规性。

第6章 安全效果评价指南

本章共分为两部分，分别为合规性评价和安全性评价。其中，合规性评价侧重于评价安全设计方案是否满足国家网络安全法律、法规、标准规范等相关要求；安全性评价侧重于评价安全设计方案是否满足用户行业或单位内部对网络安全工作的相关要求，通常体现在动态防御、主动防御、纵深防御、精准防护、整体防控、联防联控等几大方面。通过安全效果评价可以帮助设计人员和方案审核人员对已设计方案开展安全性总体评估。

6.1 合规性评价

合规性评价是指，依照《基本要求》对通用安全保护环境设计方案中相关的技术措施、产品及安全服务进行评价，判定其是否符合要求的过程。整体评价过程主要体现以下几个方面：第一，明确设计主体，确保设计技术要求与基本要求的责任主体一致；第二，审核设计总体框架是否满足"一个中心，三重防护"的基本要求；第三，审核《基本要求》相应级别的要求是否已在设计方案中通过具体措施和机制予以明确；第四，审核设计方案相关的安全功能和策略是否满足《基本要求》的相应安全强度，确保所设计的安全功能满足设计主体的安全级别要求。

表 6-1 以第三级安全通用要求为例，给出了相应控制点的合规性评价。

表 6-1 第三级安全通用要求合规性评价

层面	控制点	合规性评价
安全计算环境	身份鉴别	审核对应的系统或设备是否设计了身份鉴别子系统或模块，一是是否具备设置口令复杂度、登录失败处理、重新鉴别等策略的功能配置机制；二是是否设计了两种或两种以上的组合机制或功能进行身份鉴别，如口令、动态令牌、数字证书、生物特征等鉴别机制进行组合；三是是否设计了防止鉴别信息在网络传输过程中被窃听的机制或功能，如利用 SSL 加密保障鉴别数据在网络传输过程中不会被截取及窃听

续表

层面	控制点	合规性评价
安全计算环境	访问控制	审核对应的系统或设备是否涉及了访问控制子系统或模块：一是是否具备设置账户管理和权限管理的功能配置机制，如重命名或删除默认账户和多余账户、修改默认账户的默认口令、最小权限管理等功能配置机制；二是是否设计了细粒度的访问控制策略，访问控制粒度应达到主体为用户级或进程级，客体为文件、数据库表级；三是是否设计了基于安全标记的强制访问控制功能或机制
	安全审计	审核对应的系统或设备是否设计了安全审计子系统或模块：一是是否设计了安全审计策略功能或机制，明确审计范围、审计内容、审计记录格式等，审计范围包括主机、数据库和应用系统等，审计记录包括日期、时间、用户、类型和结果等信息；二是是否设计了审计记录保护功能或机制，如通过审计记录备份、日志审计系统等，保障审计记录受到未预期的删除、覆盖等
	入侵防范	审核对应的系统或设备是否设计了入侵防范子系统或模块：一是是否具备入侵行为的检测、记录、报警功能或机制；二是是否设计了数据有效性检验功能或机制；三是是否设置了最小化安装、漏洞修复等安全策略；四是是否采取了技术手段对管理终端进行管控，如终端接入管控、网络地址范围限制、运维管理系统等
	恶意代码	审核对应的系统是否设计了恶意代码防范子系统或模块：一是是否设计了防恶意代码软件，并进行统一管理，及时升级和更新病毒库；二是对于高等级的系统是否设计了主动免疫可信验证机制，识别入侵和病毒行为
	可信验证	审核对应的系统或设备是否设计了可信验证子系统或模块：一是是否设计了基于可信根构建的一个完整的可信链条，实现从可信根开始到引导程序、系统程序、重要配置参数和应用程序，逐级可信验证；二是是否设计了动态可信验证功能或机制；三是是否设计了可信性的检测、审计和报警功能，如检测到可信性受到破坏时进行报警，并将审计记录发送管理中心
	数据完整性	审核对应的系统或设备是否设计了数据完整性子系统或模块：是否设计了数据传输和数据存储完整性功能或机制，如采用数据校验、数字签名、VPN等密码技术保障数据传输和数据存储的完整性
	数据保密性	审核对应的系统或设备是否设计了数据保密性子系统或模块：一是是否设计了数据传输保密性功能或机制，如通过VPN、安全通信协议或其他密码技术措施实现数据传输过程的保密性防护；二是是否设计了数据存储保密性功能或机制，如通过密码加密技术实现数据存储过程的保密性防护
	备份恢复	审核对应的系统是否设计了数据备份恢复子系统：一是是否设计了本地数据备份功能或机制，通过完全备份、差异备份、增量备份等备份策略，定期对重要数据进行备份；二是是否设计了异地数据备份功能或机制，通过基于主机、基于应用数据复制、基于存储系统等方式对重要数据进行异地数据备份；三是是否设计了数据处理冗余功能或机制，减少系统单点故障，提高系统可用性
	剩余信息保护	审核对应的系统或设备是否设计了剩余信息保护子系统或模块：一是是否设计了鉴别信息释放功能或机制，保障用户鉴别信息所在存储空间被释放或再分配给其他用户前完全清除；二是是否设计了敏感数据释放功能或机制，保障敏感数据所在存储空间被释放或再分配给其他用户前完全清除，如使用剩余信息清理工具或使用代码对底层进行操作

层面	控制点	合规性评价
安全计算环境	个人信息保护	审核对应的系统是否设计了个人信息保护子系统或模块：一是是否设计了个人信息采集和存储授权功能和机制，通过正式渠道获得用户同意、授权，采集和存储个人信息；二是是否设计了个人信息访问和使用授权功能和机制，通过获得用户正式渠道授权访问和使用个人信息
安全区域边界	边界防护	审核对应的设备是否设计了边界访问防护策略：一是是否设计了互联网出口边界专用设备配置防护策略，设置的抗 DDOS 等措施是否符合数据流访问受控要求，如异常流量检测管理；二是边界设备是否设计了访问控制权限，如管理员权限，根据业务所需或所发生的安全事件及时调整访问控制策略；三是违规内联是否设计了控制措施，设置的定位、阻断等策略是否满足对私自联到内网行为的检查阻断要求，如 ISM；四是违规外联是否设计了控制措施，设置的 USB 接口、无线网卡、配置异常行为监控及日志等策略是否满足内部用户非授权联到外部网络行为的检查限制；五是无线网络是否设计了管控措施，设置无线网络通过受控的边界设备接入内部网络，防范攻击者利用无线网络入侵内部核心网络
	访问控制	审核对应的设备是否设计了边界访问控制策略：一是互联网边界专用设备是否配置了访问控制策略，设置 7 层数据检测、应用管控及访问控制，如安全网关；二是网络边界是否设计了保障措施，如网闸，是否符合网络边界安全隔离与信息交换要求
	入侵防范	审核对应的设备是否设计了入侵防范手段：一是外部网络攻击是否设计了关键网络节点处防护（如 APT 或入侵防护），是否符合检测、防止或限制从外部发起的网络攻击行为；二是内部网络攻击关键内部节点处是否设计了防护（如 IDS、防火墙）是否符合检测、防止或限制从内部发起的网络攻击行为
	恶意代码垃圾邮件	审核对应的设备是否设计了边界恶意代码和垃圾防范措施：关键网络节点处是否设计了异构模式的防范（如防病毒网关），是否符合检测、清除恶意代码攻击要求
	安全审计	审核对应的设备是否设计了网络安全审计措施：网络边界、重要网络节点是否设计了综合审计（如 RS 或 LA），是否符合对重要的用户行为和重要安全事件进行日志审计、便于对相关事件或行为进行追溯的要求
	可信验证	审核对应的系统或设备是否设计了可信验证子系统或模块：一是是否设计了基于可信根构建的一个完整的可信链条，实现从可信根开始到引导程序、系统程序、重要配置参数和应用程序，逐级可信验证；二是是否设计了动态可信验证功能或机制；三是是否设计了可信性的检测、审计和报警功能，如检测到可信性受到破坏时进行报警，并将审计记录发送管理中心
安全通信网络	网络架构	审核网络设计中有无网络高峰指标、网络区域划分与隔离和通信线路及关键设备冗余等措施：一是网络设备性能与带宽是否能满足业务高峰的需要，如核心网络设备性能高峰指标的平均量值应低于 80%；二是是否划分了不同的网络区域并做好区域间访问控制和隔离措施，如区域间部署防火墙设备；三是是否进行了关键链路和核心设备硬件冗余设计部署，保证系统高可用性
	通信传输	审核是否对通信传输进行安全保护设计：一是是否进行了通信传输的保密性设计，如采用加密机、VPN 技术等措施；二是是否进行了通信传输完整性设计，如采用校验码技术或者密码技术等措施
	可信验证	审核对应的系统或设备是否设计了可信验证子系统或模块：一是是否设计了基于可信根构建的一个完整的可信链条，实现从可信根开始到引导程序、系统程序、重要配置参数和应用程序，逐级可信验证；二是是否设计了动态可信验证功能或机制；三是是否设计了可信性的检测、审计和报警功能，如检测到可信性受到破坏时进行报警，并将审计记录发送管理中心

续表

层面	控制点	合规性评价
安全管理中心	系统管理	审核安全管理中心是否具备系统管理功能模块：一是是否能够对系统管理员进行身份鉴别，并保证其管理操作行为可控、可审计；二是是否能够通过系统管理员对系统的资源和运行进行配置、控制和管理，如账户管理、访问授权、最小化服务、升级与打补丁、登录口令更新周期等
	审计管理	审核安全管理中心对审计管理的安全措施是否完善：一是是否能够对审计管理员进行身份鉴别，并确保其操作行为可控、可审计；二是是否能够通过审计管理员对审计记录进行分析，以及时发现网络中发生的异常，并根据分析结果进行处理
	安全管理	审核安全管理中心是否设计了安全管理员的身份鉴别、策略管理和操作控制模块：一是是否能够对安全管理员进行身份鉴别，并确保其操作行为可控、可审计；二是是否能够由安全管理员对系统中的安全策略进行配置，如安全参数设置、主客体的安全标记设置、访问授权和可信验证策略的配置等
	集中管控	审核安全管理中心是否能够对安全设备或安全组件进行集中管理和控制：一是是否划分了特定的管理区域，通过安全的传输路径将管理流量与业务流量进行分离；二是是否对网络链路、设备、服务器等运行情况进行了集中检测，并对分散的设备日志进行了收集汇总和集中分析；三是是否能够确保审计记录的留存时间符合法律法规要求的 6 个月周期；四是是否对安全策略、恶意代码、补丁升级进行了集中管理，并对各类安全事件进行了集中识别、报警和分析分析

6.2　安全性评价

安全性评价基于当前的网络安全形势与网络安全工作中面临的挑战，依据网络安全工作的"六防"措施，即动态防御、主动防御、纵深防御、精准防护、整体防控、联防联控措施做安全性评价，主要体现设计思路中防御措施的安全性。以下为具体的安全性设计评价。

表 6-2 针对"六防"措施给出了相应的安全性评价。

表 6-2　安全性评价

序号	主要措施	安全性评价
1	动态防御	审核是否以动态安全思想为核心设计网络和信息系统，采用动态防御技术措施或部署动态防御设备作为支撑，通过持续动态的权限控制及风险度量，构建一个频繁变化、灵活分布的动态网络环境，并基于行业及业务特性，针对业务数据涉及的不同环境、不同对象、不同作用而提供不同的动态防御管理机制，最终形成动态防御体系。 大数据系统重点审核是否设计了以动态安全思想保护大数据存储与计算架构安全，采用动态防御技术或部署动态防御设备实现对 Hadoop\Spark 等大数据生态安全管控。基于大数据业务特性，针对数据和计算业务中涉及的硬件环境、系统对象、业务数据，按需提供可快速部署、快速使用的服务化、组件化、热启停动态防御模块，构建动态防御体系

续表

序号	主要措施	安全性评价
2	主动防御	审核安全防御模式是否为主动防御，是否存在主动行为分析、安全情报、威胁检测及主动预警；审核是否部署了主动防御设备或产品，如可信接入网关、入侵防御、准入控制、堡垒机、应用安全管控、数据防泄露、数据库防火墙、态势感知、APT 等；审核安全检测技术对安全态势的分析是否准确，在入侵行为对网络和信息系统发生影响之前，是否能够及时、精准预警；实时构建弹性防御体系，避免、转移、降低网络和信息系统所面临的风险，形成检测、预警、保护、反馈闭环的网络安全主动防御体系；审核安全管理层面是否构建主动安全防护体系，如定期进行安全检查、漏洞扫描、渗透测试、安全加固等，及时发现潜在的安全隐患并进行修补。 云计算系统重点审核安全检测技术对安全态势的分析是否准确，在入侵行为对云平台/云租户发生影响之前，是否能够及时、精准预警，实时构建弹性防御体系，避免、转移、降低云平台/云租户所面临的风险。 大数据系统重点审核主动检测预警技术对用户域、数据域的分析是否准确与及时。在外部入侵与内部威胁对大数据平台发生实质影响时，是否能够及时实施拦截等保护措施，主动防御体系是否能够及时避免、转移、降低大数据平台所面临的风险
3	纵深防御	审核安全设计是否以多点布防、以点带面、多面成体、纵深打击及防御的思想，搭建纵深防御体系框架，实现多重的防护屏障。从网络和信息系统支撑环境、业务应用、资产等多层次、多维度进行风险分析与考量，形成多层级纵深防御机制，利用安全技术手段或部署各层次的安全设备，达到纵深防御的效果。 云计算系统重点审核从展现层、网络层、代理层、接入层、逻辑层和存储层等多层次、多维度进行风险分析，形成云防御安全机制，利用安全技术手段或部署各层次的安全设备，达到纵深防御的效果
4	精准防护	审核安全设计是否结合网络和信息系统业务应用自身业务特点定义相应的规则，设置精准访问控制规则与策略，实现有限资源内优化配置，能够发现并阻断网络攻击，实现对 Web 漏洞防护、0Day 漏洞攻击防护及其他特定的漏洞防护。 云计算系统重点审核是否结合云平台/云租户自身业务特点定义相应的规则，设置精准访问控制规则，实现有限资源内优化配置。云平台能够发现并阻断网络攻击，阻止攻击在云平台内横向渗透；云租户能够实现对漏洞攻击的防范。 大数据系统重点审核是否结合大数据平台实例访问特点、实例接入特点、数据存储特点、数据计算特点，定义指标、规则与策略，通过精准访问控制模式，实现用户域和数据域安全，实现大数据相关漏洞攻击防护
5	整体防控	审核安全设计是否从整体角度来规划和管理网络安全，涉及前期咨询、评估、方案部署及后期运维服务；审核是否采用技术手段或部署产品/设备建立整体防控的机制，将客户端、网络设备、安全产品、服务器、应用程序等日志/流量集中管控分析，共同构建整体安全防控能力，确保网络和信息系统的持续安全、稳定。 大数据系统重点审核是否采用技术手段或部署产品/设备建立整体防控的机制，并具备整体防控的能力。由大数据物理环境安全，大数据平台准入、平台 IAM 等大数据通信网络与边界安全，数据接入管控、访问控制等大数据计算环境安全，大数据安全管理中心多个部分共同构建大数据平台整体安全防控体系

序号	主要措施	安全性评价
6	联防联控	审核网络和信息系统中安全产品和组件是否实现了安全联动、集中管控；审核安全风险及管控措施是否实现了情报共享与联合管控；审核在纵深防护与管控方面，是否构建了安全计算环境、安全区域边界、安全通信网络和安全管理中心多层次安全联动和集中管控能力；审核安全管理和运维是否实现了各责任主体之间的安全联动，构建物联、技联及人防的网络安全联防联控体系，具备安全事件、应急响应安全联动能力。 　　大数据系统重点审核在用户域和数据域方面，用户域安全风险及管控措施应与数据域是否实现了情报共享与联合管控；在纵深防护与管控方面，是否构建了大数据物理环境安全、大数据通信网络安全、大数据边界区域安全、大数据计算环境安全、大数据安全管控中心多层次安全联动和集中管控能力，审核安全管理和运维是否实现了各责任主体之间的安全联动能力

第7章 通用安全设计案例

7.1 卫健医院医疗系统等级保护二级设计案例

7.1.1 背景介绍

数字化、网络化、信息化是医疗行业实现不断发展的重要形式和方向，而网络信息是通过 Web 应用的形式表现出来的，外界对医院信息化的了解是从 Web 应用开始的，网上预约挂号、网上查询检查结果等一系列工作都是通过 Web 来实现的。医院 Web 应用既是医院现代化科技服务的窗口，也是医院对外宣传的窗口。近年来，医院 Web 应用的公众性质使其成为攻击和威胁的主要目标，医院 Web 应用面临的应用安全问题越来越复杂，安全威胁飞速增长，尤其是混合威胁的风险，如黑客攻击、蠕虫病毒、DDoS 攻击、SQL 注入、跨站脚本、Web 应用安全漏洞利用等，极大地困扰着医院和公众用户，给医院的服务形象、信息网络和核心业务造成严重的破坏。因此，一个优秀的 Web 应用的安全建设是医院信息化能否取得成效、充分发挥职能的基础，而合规、有效、全面的信息安全体系建设对保障医院 Web 应用的正常运行至关重要。

以当前现代化医疗行业网络安全设计为例，除了要满足高效的内部自动化办公需求，还需要保证与外界的通信畅通。结合医院 HIS、RIS、PACS 等复杂的应用系统，网络必须能够满足数据、语音、图像等综合业务的传输要求，所以需要在网络上应用多种高性能设备和先进技术来保证医院网络信息系统的正常运作及稳定的效率。同时，医院网络信息系统连接着互联网、医保专网等网络，访问人员和物理上的网络边界比较复杂。为保证医院网络信息系统中的数据及应用的安全，某医院网络信息系统按照《设计要求》中有关第二级系统的要求进行设计。

7.1.2 需求分析

1. 通信网络安全需求

（1）网络结构

网络结构是否合理直接决定了其是否能够有效地承载业务需要。在实际设计中，网络结构需要具备一定的冗余性；带宽能够满足业务高峰时期的数据交换需求；应合理地划分网段和 VLAN。

（2）网络安全审计

由于用户的计算机技能水平参差不齐，因此一旦某些安全意识薄弱的管理用户误操作，将给信息系统带来致命的破坏。没有相应的审计记录将给事后追查带来困难。

（3）通信完整性与保密性

由于网络协议及文件格式均具有标准、开放、公开的特征，因此数据在网上存储和传输的过程中，不仅面临信息丢失、信息重复或信息传送的自身错误，而且会遭遇信息攻击或欺诈行为，导致最终信息收发的差异性。

（4）网络可信接入

对于一个不断发展的网络而言，为方便办公，会在网络设计时保留大量的接入端口，这对于快速接入医院业务网络是非常便捷的，与此同时也引入了安全风险。一旦外来用户不受阻拦地接入业务网络中，就有可能破坏网络的安全边界，使得外来用户具备对网络进行破坏的条件，由此引入蠕虫扩散、文件泄密等安全问题。

（5）网络入侵防御

由于内网与外网互通，并且在内、外网之间处没有有效的安全防护设施，因此内网信息系统面临很大的威胁，极易遭到外网中 DDoS、木马病毒等恶意攻击，进而破坏各类主机及服务器，导致医院网络系统性能下降、服务质量降低。医院 Web 应用一旦遭受大量具有针对性的攻击，就会造成网站瘫痪、信息泄露，甚至网页被篡改。

2. 区域边界安全需求

（1）边界访问控制

对于各类边界最基本的安全需求就是访问控制，即对进出安全区域边界的数据信息进行控制，阻止非授权访问。

（2）边界完整性检测

边界完整性如果被破坏，则所有控制规则将失去效力，因此需要对内部用户未经准许私联外网的行为进行检查,维护边界完整性。

（3）边界入侵防范

各类网络攻击行为既可能来自互联网等外网,也可能存在于内网。需要使用安全措施主动阻断针对信息系统的各种攻击,实现对网络层及业务系统的安全防护,保护核心信息资产免受攻击。

（4）边界安全审计

安全区域边界需要建立必要的审计机制,对进出边界的各类网络行为进行记录与审计分析,可以和主机审计、应用审计及网络审计形成多层次的审计系统,并通过安全管理中心进行集中管理。

（5）边界恶意代码防范

计算机病毒的传播途径与过去相比已经发生了很大的变化,更多地以网络（包括Internet、广域网、局域网）形态进行传播,因此安全防护手段也需要以变应变,迫切需要网关型产品在网络层面对病毒予以查杀。

3. 计算环境安全需求

计算环境的安全主要指主机及应用层面的安全风险与需求分析,包括身份鉴别、访问控制、系统审计、入侵防范、恶意代码防范、软件容错、数据完整性与保密性、备份与恢复、资源合理控制、剩余信息保护、抗抵赖等方面。

（1）身份鉴别

主机操作系统登录、数据库登录及应用系统登录都必须进行身份验证。应提高用户名/口令的复杂度,防止网络窃听,同时应考虑失败处理机制。

（2）访问控制

访问控制主要是为了保证用户对主机资源和应用系统资源的合法使用,用户必须拥有合法的用户标识,在制定好的访问控制策略下进行操作,杜绝越权非法操作。

（3）系统审计

对于登录主机后的操作行为需要进行主机审计。对于服务器和重要主机,需要进行严格的行为控制，对用户的行为、使用的命令等进行必要的记录审计，以便日后的分析、调查、取证，以及规范主机使用行为。

（4）入侵防范

主机操作系统面临着各类具有针对性的入侵威胁，常见的操作系统存在着各种安全漏洞，因此对主机操作系统的安装、使用、维护等提出了要求，防范针对系统的入侵行为。

（5）恶意代码防范

木马病毒、蠕虫病毒等恶意代码是对计算环境危害巨大的隐患，特别是蠕虫病毒，一旦暴发，会立刻向其他子网迅速蔓延，发动网络攻击和进行数据窃取。

（6）数据安全

数据是信息资产的直接体现，所有的安全措施最终都是为了保障业务数据的安全。因此，应采取措施保证数据在传输过程中的完整性及保密性，为关键数据建立数据备份机制。

（7）资源合理控制

主机系统及应用系统的资源不能滥用，系统资源必须能够为正常用户提供资源保障。

（8）剩余信息保护

确保系统内的用户鉴别信息、目录和数据库记录等资源所在的存储空间，在被释放或重新分配给其他用户前得到完全清除。对于动态管理和使用的客体资源，应在这些客体资源被重新分配前，对其原使用者的信息进行清除，以确保信息不被泄露。

（9）设备安全防护

对于网络中关键的交换机、路由器设备，也需要采用一定的安全设置及安全保障手段来实现对网络层的控制。主要是根据等级保护基本要求配置网络设备自身的身份鉴别与权限控制项，包括登录地址、标识符、口令复杂度、失败处理、传输加密、特权用户权限分配等，对网络设备进行安全加固。

由于不同网络设备的安全配置不同、配置维护工作繁杂，且信息安全是动态变化的，因此推荐使用自动化的配置核查设备，对网络层面和主机层面的安全配置进行定期扫描核查，及时发现不满足基线要求的相关配置，并根据等级保护的安全配置要求提供相应的安全配置加固指导。

7.1.3　安全架构设计

以某医院网络信息系统安全架构设计为例，在其网络拓扑中，外部网络出口包括外网接入区和专网接入区，用于连接互联网和其他专用网络，防火墙、SSL VPN 等安全防护措施分布在这两个区域。内部网络区域划分为安全监控区、核心交换区、安全管理区、服务器区和内网办公区。某医院网络信息系统架构图如图 7-1 所示。

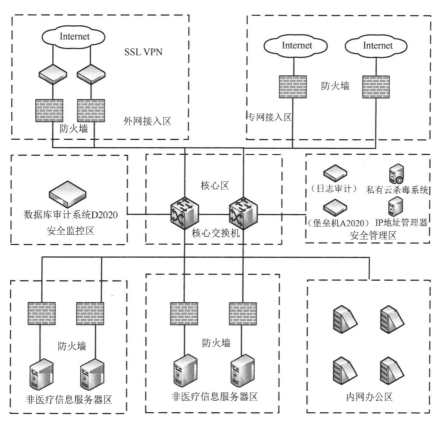

图 7-1　某医院网络信息系统架构图

在进行安全架构设计时，将根据《设计要求》中第二级安全设计技术要求，对某医院内部网络进行详细的安全分析并规划不同的安全区域，各安全区域之间均采用防火墙等安全设备进行隔离，部署安全管理中心区域，内含日志审计、防病毒系统、运维审计系统等安全功能或组件，实现对该医院全网安全策略、安全功能的集中管控，构建综合网络安全技术防御体系。

7.1.4　详细安全设计

1. 安全通信网络设计

医院的 Web 服务是其核心业务服务，建议采用 Web 防火墙对 Web 服务器进行安全保护，避免针对服务器应用层和源代码进行攻击的风险。Web 应用防护系统在提供 Web 应用深度防御的同时，实现了 Web 应用安全防护，包括黑客漏洞攻击防护、恶意扫描及探测防护、DDoS/CC 攻击防御、URL 自学习保护、Web 漏洞扫描、服务器防护、网页防篡改、数据库防篡改等，并解决了网站访问统计、Web 负载均衡等常见及最新的安全问题，为 Web 应用提供了全方位的安全防护解决方案。

为了避免出现链路单点故障，保证链路接入的高可用性，医疗行业一般采用不同运营商运营的多条链路进行接入，并采用链路负载均衡设备，把内网用户对外网资源的访问按照要求负载均衡到两条链路，任何一条链路出现故障，都能够实时发现，并自动把请求转发至正常链路。同时，将访问内网资源的用户自动导向访问质量最优的链路，并实时监控链路的状态，如果某一链路出现故障，则自动切换到其他正常链路。

在网络中部署入侵检测产品，入侵检测产品通过对计算机网络或计算机系统中的若干关键点进行信息收集和分析，从中发现网络或系统中违反安全策略的行为和被攻击的迹象。入侵检测产品应支持深度内容检测技术，配合实时更新的入侵攻击特征库，可检测的网络攻击行为包括蠕虫病毒、木马病毒、间谍软件、可疑代码、探测与扫描等。当检测到攻击行为时，记录攻击源 IP 地址、攻击类型、攻击目的、攻击时间，并能在发生严重入侵事件时报警。

由于入侵检测产品的响应方式有限且和防火墙联动会出现延迟及兼容性问题，这里推荐部署入侵保护产品，在入侵检测的基础上对攻击行为进行阻断，实现对入侵行为实时、有效的防范。入侵检测/保护产品部署于外联区防火墙之后，成为数据中心继防火墙边界访问控制后的第二道防线。

根据医疗行业对恶意代码防范的需求，需要在互联网边界部署防病毒产品。防病毒产品应具备针对 HTTP、FTP、SMTP、POP3、IMAP 及 MSN 等协议进行内容检查、清除病毒的能力，支持查杀引导区病毒、文件型病毒、宏病毒、蠕虫病毒、木马病毒、后门程序、恶意脚本等各种恶意代码，并定期提供病毒库版本的升级。

根据医院业务系统服务的重要次序定义带宽分配的优先级，在网络拥堵时优先保障重要主机；合理规划路由，在业务终端与业务服务器之间建立安全路径；根据各子系统的业务属性及系统需求，划分不同的网段或 VLAN，保证有重要业务系统及数据的重要网段不能直接与外部系统连接，需要单独划分区域且和其他网段隔离；为满足《设计要求》中第二级安全设计技术要求对通信网络安全审计的要求，在网络中采取基于网络的安全审计措施，以实现通信网络安全审计的防护要求；采用由密码技术支持的可信网络连接机制，通过对接入网络的设备进行可信检验，确保接入网络的设备真实可信，防止设备的非法接入；采取通信加密和数据安全校验机制实现通信传输过程中的数据的保密性和完整性。

2. 安全区域边界设计

医院网络信息系统在数据中心根据不同的安全级别划分出不同的访问区域，不同区域之间需要通过安全设备进行隔离，根据不同的安全级别设定策略进行访问控制，通过多种检测机制，发现攻击流量并实时进行阻断，提高应用系统的安全性。

在安全区域边界设计中，需要对各区域的边界进行访问控制，对于某医院外网边界、数据交换区边界、应用服务区边界及核心数据区边界，需要采取部署防火墙的方式来实现高级别的访问控制，各区域的访问控制方式说明如下。

外联区：通过部署高性能防火墙，实现数据中心网络与外网之间的访问控制。

数据交换区：通过核心交换机的 VLAN 划分、访问控制列表，以及在出口处部署防火墙实现对数据交换区的访问控制。

应用服务区：通过核心交换机的 VLAN 划分、访问控制列表，以及在出口处部署防火墙实现对应用服务区的访问控制。

核心数据区：通过核心交换机的 VLAN 划分、访问控制列表，以及在出口处部署防火墙实现对核心数据区的访问控制。

各主要边界设置必要的审计机制，进行监控并记录各类操作，通过审计分析能够发现跨区域的安全威胁，实时地综合分析医院网络中发生的安全事件。

医院网络信息系统为加强远程办公终端的安全性和易用性，采用 SSL VPN 的接入方式，利用对客户端进行安全检查、灵活定制访问策略和权限的技术手段，使远程分支办公用户或社区健康服务中心能简单、方便地接入数据中心。

某医院网络信息系统边界分布着网络出口边界、数据中心区边界、网络管理区边界，每个边界都部署防火墙，并且通过配置防火墙的安全策略，实现各区域边界的隔离与细粒度的访问控制。本方案网络信息系统中部署的入侵检测/防御系统、恶意代码检测系统可以对访问该医院网络系统的行为进行实时监测及恶意代码检测和事后清除修复工作，并进行入侵行为跟踪分析。

3. 安全计算环境设计

计算环境安全需要确保用户名的唯一性，口令长度、复杂度、周期等均符合网络安全等级保护提出的身份鉴别要求，并设置失败登录处理、限制非法登录次数等策略；能够监控计算机终端的操作系统补丁、防病毒软件、软件进程、登录口令、注册表等方面的运行情况。当出现计算机终端没有安装规定的操作系统补丁、防病毒软件的运行状态和病毒库更新状态不符合要求、没有运行指定的软件或运行了禁止运行的软件，或者其他的安全基线不能满足要求的情况时，该计算机终端的网络访问将被禁止。

医疗行业的网络信息系统在遇到互联网的非法攻击及入侵时，势必对网上应用和交易系统产生影响，造成访问效率下降、网络拥堵等问题，可以通过主动式入侵防御系统精确判断入侵及攻击行为，并做出相应的反应来解决上述问题。

对重要计算机信息系统进行检查，发现其中可被黑客利用的漏洞，通过合规性检测对系统中不安全的设置（如不应开放的端口）、脆弱的口令及其他同安全规则相抵触的对象进行检查。

在医院网络信息系统的数据中心的建设过程中最重要的就是核心业务系统，它包含了至关重要的应用系统服务器和核心数据服务器。各类服务器及医院应用系统的安全防护是客户最关心的，建议采用运维审计系统（堡垒机）进行安全审计保护，避免服务器应用层和源代码被攻击的风险。采用运维审计系统安全审计平台对各类数据库操作，如数据表调用和修改的动作进行审计和告警，保证在数量繁多的用户访问数据库的情况下能够进行行为审计。运维审计系统和动态口令认证系统对网上交易系统的用户账号和口令进行密码保护，形成双因素强身份认证。部署运维审计系统，可为网络信息系统提供全面的运维管理体系和运维能力，支持资产管理、用户管理、双因素认证、命令阻断、访问控制、自动改密、审计等功能，有效保障运维过程的安全。

数据加密、数据脱敏、数据防泄露系统保证重要数据在存储过程中的完整性，包括但不限于鉴别数据、重要业务数据和重要个人信息等，同时提供数据的本地备份与恢复和数据异地实时备份功能。

在主机层启用强制访问控制功能，依据安全策略控制用户对资源的访问；对重要信息资源设置敏感标记，依据安全策略严格控制用户对有敏感标记的重要信息资源的操作。强制访问控制主要是对核心数据区的文件、数据库等资源的访问进行控制，避免越权非法使用数据资源，采用的措施主要包括以下几种。

启用访问控制功能：制定严格的访问控制安全策略，根据策略控制用户对应用系统的访问，特别是文件操作、数据访问等，控制粒度主体为用户级，客体为文件或数据库表级别。

权限控制：制定的访问控制规则要能清楚地覆盖资源访问相关的主体、客体及它们之间的操作。用户授权原则为能够完成工作的最小化授权，避免授权范围过大，并在它们之间形成互相支援的关系。

账号管理：严格限制默认账户的访问权限，重命名默认账户，修改默认口令，及时删除多余的、过期的账户，避免共享账户的存在。

访问控制的实现主要有两种方式，采用安全操作系统或对操作系统进行安全改造，并且保证其使用效果达到以上要求。

强制访问控制中的权限分配和账号管理部分可以通过使用等级保护配置核查产品进行定期扫描核查实现，及时发现与基线要求不符的配置并进行加固。账号管理和权限控制部分还可以通过部署堡垒机产品来实现强制管控，满足强制访问控制的要求。

4. 安全管理中心设计

建立安全管理中心，提升安全防护能力、隐患发现能力、监控预警能力及响应恢复能力，以保障信息系统的安全可靠，实现安全运行工作的"可感知""可管理""可测量""可展示"。

安全管理中心主要用于监视并记录网络中的各类操作，侦查系统中存在的现有和潜在的威胁，实时地综合分析出网络中发生的安全事件，包括各种外部事件和内部事件。通过在数据中心核心交换机处旁路部署网络行为监控与审计系统，形成对全网网络数据流量的检测和安全审计，和其他网络安全设备共同为集中安全管控提供监控数据，以便进行进一步分析。

能够按需展现全网安全资产的脆弱性分布状况和高危风险事件分布状况，集中管理各类安全资产的配置基线，智能化分析安全事件对业务系统可能产生的实际影响和潜在危害，实现化被动防御为主动安全防护的目标。

提供针对诸如信息安全管理体系标准要求、等级保护要求、信息安全专项工作要求的符合性检查功能，支持通过技术手段实现符合性检查工作的自动调度、自动执行、自动核查、自动报告。

实现医疗行业整体安全态势的多维度、多视角展示，实现系统运行及安全监测的全景化和在线化。针对医院决策层、管理层和执行层等不同角色提供不同展现视图，可向 PC、移动终端推送当前各业务系统风险管理的状态和趋势。

5. 信息系统互联安全设计

医院网络信息系统通常会与卫生管理部门等外部管理机构的网络互联，因此在跨网络进行数据共享或交换时，应采用网闸、跨网数据交换系统等产品来保障数据的安全共享和交换。同时，对于其他网络接入的用户要进行严格的身份认证和权限分配，并对其操作行为进行全程记录和审计。

7.1.5　安全效果评价

1. 合规性评价

根据网络安全等级保护"一个中心，三重防护"体系设计原则，本方案从安全区域边界、安全通信网络、安全计算环境和安全管理中心四个方面对某医院进行了全面的安全需求分析及安全防护措施的改造加固，使该医院由点到面，构建起整体网络信息系统的综合安全防御体系，满足《设计要求》第二级安全设计技术要求。

2. 安全性评价

对某医院医疗系统通用安全保护环境设计方案中的相关技术措施、产品及安全服务进行安全性评价，如下所述。

身份鉴别方面：该医院网络信息系统具备身份鉴别模块设计，鉴别口令长度、复杂度、失败登录次数及锁定策略的配置均符合网络安全等级保护对身份鉴别提出的要求。

访问控制方面：该医院网络信息系统各边界均部署了防火墙设备，并配置了细粒度的访问控制策略，各服务器、数据库及应用系统均配置了细粒度的权限策略，满足网络安全等级保护对访问控制提出的要求。

安全审计方面：该医院网络信息系统部署有运维操作审计、综合日志审计、数据库日志审计等安全审计产品，并通过部署态势感知系统对各类安全日志进行集中管控和集中审计，满足网络安全等级保护对安全审计提出的要求。

入侵防御方面：该医院网络信息系统通过部署网络入侵检测系统，采用服务器应用最小权限分配等措施，满足网络安全等级保护对入侵防御提出的要求。

恶意代码防范方面：该医院网络信息系统通过部署防火墙对网络恶意代码进行安全防范，同时在服务器层面部署了恶意代码防范软件，网络防病毒库与服务器防病毒库采用异构部署，并能定期对病毒库进行升级和更新，满足网络安全等级保护对恶意代码防范提出的要求。

7.2　烟草专卖业务系统等级保护三级设计案例

7.2.1　背景介绍

近年来，随着业务量的不断增长和新兴业务的持续涌现，烟草部门的网络内部应用行为愈加复杂。另外，随着网络安全形势的日趋严峻，层出不穷、频频变种的计算机病毒、恶意攻击，也让网络管理者意识到了网络安全的重要性。目前已建立的网络安全防护体系已经远远不能满足现有的业务需求和网络安全要求，因此对保障烟草行业信息安全和信息系统安全稳定运行提出了急迫的需求和更高的要求。

等级保护是我国网络安全保障的基本制度、基本策略、基本方法，是促进信息化发展、维护国家网络安全的根本保障。开展烟草行业网络安全等级保护工作，是解决烟草行业信息安全面临的威胁和存在的主要问题的重要手段，是对非涉密重要信息系统或平台进行安全保障的重大措施，能够有效地保护烟草行业信息和信息系统的安全，对促进烟草行业信息化健康、有序发展有特别重要的意义。

7.2.2　需求分析

烟草行业在初期建设过程中，在安全及信息化方面的投入不足，信息化建设较为混乱，未能形成一套完整的体系。根据安全需求分析工作的流程，将某省烟草专卖局当前的安全需求分为如下两部分。

1. 安全风险驱动的安全需求

分区域安全设计：烟草行业网络一般分为三部分，分别为行业前置网络、行业专网及互联网，行业专网与互联网之间逻辑隔离。在本次安全体系设计中，将进一步明确区域之间的边界，并增强各个区域的访问控制及入侵防范能力。

上网行为管理：目前多数烟草行业互联网线路使用防火墙设备内置的行为管理功能对内部员工访问互联网的行为进行管理，存在审计功能不完善、控制粒度较粗、认证模块缺失等问题；亟须专业的全网行为管理设备对内部的用户及外部访客进行身份认证、对上网行为进行控制、对上网记录进行审计。

运维人员能力：运维人员的安全技术能力相对薄弱，对安全告警事件的判断能力存在一定瓶颈，对安全事件的处置能力欠佳，无法形成安全闭环。

安全设备较为老旧：现有的安全设备已经投入使用多年，随着网络带宽的逐步升级，各类安全设备无法满足当前的使用环境。

2. 安全合规差距驱动的安全需求

法律法规要求：《网络安全法》中规定网络运营者须履行网络安全保护义务，遵循网络安全等级保护制度，重要行业和领域须实行关键信息基础设施保护制度。

行业监管部门要求：烟草行业一直以来十分重视等级保护建设。国家烟草专卖局在2011 年发布《烟草行业信息系统安全等级保护与信息安全事件的定级准则》（YCT 389—2011），规定了烟草行业信息系统安全等级保护的等级划分和定级方法；2014 年发布《烟草行业信息系统安全等级保护实施规范》（YCT 495—2014），规定了烟草行业信息系统安全等级保护实施过程中的流程、等级划分与确定方法，并提出了技术保护和安全管理的要求；2014 年下发《烟草行业信息化发展规划（2014—2020 年）》，要求贯彻落实中央网络安全和信息化领导小组（现中央网络安全和信息化委员会）有关要求，执行国家信息安全等级保护制度，以安全策略为核心，坚持技术和管理相结合，构建与行业信息化发展协调一致的行业网络安全体系，并明确提出依据"分级分域、整体保护、积极预防、动态管理"的总体安全策略进行网络安全保障体系建设。

7.2.3　安全架构设计

1. 总体框架设计

在某省烟草局规划网络拓扑中，网络区域分为办公互联网出口区、业务互联网出口区、上联区、下联区、外联区、核心交换区、其他业务区、二级系统业务区、三级系统业务区、运维管理区、终端接入区、对外服务区等。原有网络在每个区域出口部署了传统防火墙设备,但配置核查时发现防火墙现有的访问控制策略不完善,仅能提供有限的安全防护功能。同时,未对下联区域及外联区域对某省烟草专卖局内部网络的访问进行严格的控制。此外,网络中未采取任何措施对数据库的操作进行审计,未部署任何专业的上网行为管控类设备,无法对职工和外部人员访问互联网及访问内部网络的行为进行记录和管控。安全建设后的某省烟草专卖局规划拓扑图如图 7-2 所示。

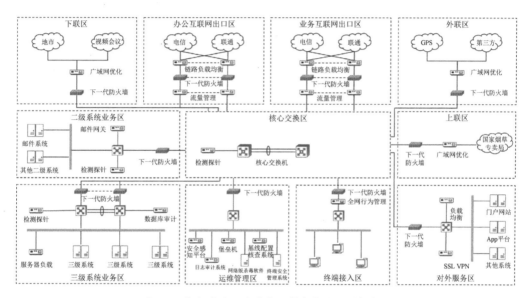

图 7-2 安全建设后的某省烟草专卖局规划拓扑图

安全架构设计主要分为如下几部分。

安全计算环境:针对网络中的各类网络设备、安全设备、服务器、数据库、中间件、应用系统等进行安全加固。对于自身未实现相关功能的,通过部署如运维管理系统、数据库审计系统等设备实现。

安全区域边界:梳理各个区域之间的访问关系列表,特别是对各个市/县烟草专卖局与省烟草专卖局之间、省烟草专卖局与国家烟草专卖局之间的通信进行限制,仅可访问部分服务。同时,明确内部终端对互联网的访问需求,缩小可访问互联网的终端地址范围,并对其进行认证。根据访问关系列表调整区域边界处的安全设备,开启现有设备及新部署设备的访问控制、入侵防范等功能,同时开启设备的日志审计功能并对审计结果进行收集。

安全通信网络：对现有的网络架构进行重新梳理，对区域进行重新划分。划分独立的运维管理区，并将现有的安全管理设备进行整合。将原有的互联网区域防火墙设备替换为链路负载均衡设备，使其能够适应高带宽下的需要。

安全管理中心：采取技术手段对系统管理员和审计管理员的操作进行集中管理和审计。

除以上围绕网络安全等级保护"一个中心，三重防护"的核心思想进行设计外，在整体安全设计中还将重点考虑以下要求。

构建纵深的防御体系：通过各种安全措施的组合构建安全纵深防御体系，保证信息系统整体的安全保护能力。根据各系统与烟草专卖系统的相关程度，构建从外到内的业务安全纵深体系，同时应从基础网络安全、边界安全、计算环境（主机、应用）安全等多个层次落实安全措施，形成纵深防御体系。

采取互补的安全措施：在将各种安全控制组件集成到特定系统中时，应考虑各个安全控制组件功能的整体性和互补性，关注各个安全控制组件在层面内、层面间和功能间产生的连接、交互、依赖、协调、协同等相互关联关系，保证各个安全控制组件共同综合作用于信息系统的安全功能，使得信息系统的整体安全保护能力得以保证。

进行集中的安全管理：对业务系统提出了统一安全策略、统一安全管理等要求。为了保证分散于各个层面的安全功能能够在统一策略的指导下实现，各个安全控制组件在可控情况下发挥各自的作用，需要建立安全管理中心，集中管理系统中的各个安全控制组件，支持统一安全管理。建立有安全管理中心的单位可根据烟草行业相关信息系统的特点，将各个等级系统的安全管理统一纳入安全管理中心，实现跨系统的安全管理中心。

2. 安全区域划分说明

办公互联网出口区：在网络出口部署链路负载均衡并自动匹配最优线路，在保障网络可用性的同时实现快速接入；部署下一代防火墙，保护整体网络免受外网常见的恶意攻击；部署流量管理系统，对互联网出口流量进行识别和管控，在提高带宽利用率的同时保障用户办公及互联网体验。

业务互联网出口区：同办公互联网出口区，部署链路负载均衡、下一代防火墙和流量管理设备，保障对外提供服务及业务互联的安全。

上联区：部署广域网优化和下一代防火墙设备，实现与国家烟草专卖局局域网的安全互联，并识别互联网络之间流量中的威胁，实现对流量中入侵行为的检测与阻断。

下联区：部署广域网优化和下一代防火墙设备，实现与市/县烟草专卖局局域网的安全互联，并识别互联网络之间流量中的威胁，实现对流量中入侵行为的检测与阻断。

外联区：部署广域网优化和下一代防火墙设备，实现与第三方机构、GPS 系统的安全互联，并识别互联网络之间流量中的威胁，实现对流量中入侵行为的检测与阻断。

核心交换区：部署核心交换机，实现各安全区域间的路由和交换。

对外服务区：该安全区域主要部署对外提供服务的服务器等，包括门户网站、App 等，需要在对外服务区的区域边界设置访问控制策略，并具备应用层攻击检测与防护能力。

三级系统业务区：部署三级业务系统所需的应用服务器、数据库服务器和数据存储备份系统等，部署下一代防火墙、安全探针和数据库审计系统，对三级业务系统提供 2 ~ 7 层的安全威胁识别功能，阻断对其的攻击行为，并对数据的相关操作进行审计。

二级系统业务区：部署下一代防火墙和防垃圾邮件网关，对二级业务系统提供 2 ~ 7 层的安全威胁识别功能，阻断对其的攻击行为，使其具备垃圾邮件防范的能力。

运维管理区：用于部署各类安全管理服务和安全设备，如部署安全感知平台、运维审计系统、基线配置核查系统、日志审计系统、网络版杀毒软件、终端安全管理系统等，实现对整网各安全组件及安全设备的集中管控。

终端接入区：主要用于用户终端的接入，部署下一代防火墙和全网行为管理设备，实现用户终端的接入管理、外联管理、上网行为管控，明确终端的访问权限及可访问的网络范围。

7.2.4　详细安全设计

1. 安全计算环境设计

（1）用户身份鉴别

各类设备均开启用户身份鉴别功能、用户口令复杂度检查功能、用户口令定期更换功能、用户登录失败处理功能等，对登录的用户进行身份标识和鉴别。身份标识应具有唯一性，身份鉴别信息应满足复杂度要求并定期更换（如配置用户名/口令、口令采用 3 种以上字符、长度不少于 8 位、定期更换时间不少于 180 天）；启用登录失败处理功能，限制非法登录次数，登录失败后采取结束会话和自动退出等措施。对于未提供上述功能的设备，可通过运维审计系统实现上述功能。

（2）系统安全审计

各类设备（服务器、网络设备、安全设备、中间件、数据库和应用系统等）均开启自身安全审计功能，能够将日志以 Syslog、SNMP Trap 或其他形式发送至安全管理中心。日志内容至少应包括事件的日期、时间、事件类型、事件是否成功等内容，并对审计记录进行保护、定期备份，避免其受到未预期的删除、修改或覆盖等。审计日志应保存 6 个月以上，并对审计进程进行保护，防止其被未经授权中断。

（3）自主访问控制

各类设备均开启访问控制功能，并为每个用户分配不同权限的账号。管理员权限应进行细化，分为系统管理员、安全管理员、审计管理员等。删除设备中的默认账户，对于无法删除默认账户的设备应禁用默认账户或修改其默认密码。关闭操作系统开启的默认共享，对于需要开启的共享及共享文件夹设置不同的访问权限，对于操作系统中的重要文件和目录需要设置权限要求。在交换机和防火墙上设置不同网段，设置不同用户对服务器的访问控制权限。

（4）入侵防范

针对主机系统的入侵防范措施是操作系统遵循最小安装的原则，仅安装需要的组件和应用程序，关闭不需要的系统服务、默认共享和高危端口；终端安全管理系统应对终端接入范围进行限制；通过设置升级服务器或通过补丁分发系统保持系统补丁及时更新，增强抵御入侵的能力。

（5）数据完整性、保密性保护

针对应用系统，采用校验技术或链路加密设备对数据进行安全性防护，保证数据在传输过程中的保密性和完整性。

（6）客体安全重用

针对应用系统，需要保证鉴别信息所在的存储空间在被释放或重新分配前得到完全清除。在对客体资源进行动态管理的系统中，客体资源（内存缓冲区、磁盘空间、进程空间、其他记录介质、寄存器、外部设备等）中的剩余信息不应引起信息的泄露，建议在安全加固过程中，采用相应技术实现磁盘空间和内存的释放，保证存储的信息不被未授权人员获得。

（7）恶意代码防范

针对所有服务器终端，安装 EDR 客户端，实现对恶意代码的检测及清除。通过全面的网络病毒防护，保护全网终端及服务器，对各类病毒进行彻底查杀，构建起一道最基本的病毒防线。同时，EDR 客户端应与互联网保持通信，实现恶意代码库的定期升级。

（8）数据备份恢复

在数据备份和恢复方面，部署数据备份和恢复系统，提供重要数据的本地备份和恢复功能；建立备份中心，利用通信网络将重要数据实时备份至备份场地，实现数据的备份和恢复；重要应用系统每天进行一次完全数据备份，备份介质进行场外存放，并制定备份恢复策略；对主要网络和安全设备的数据定期导出进行备份；提供重要数据处理系统（包括边界交换机、边界防火墙、核心交换机、应用服务器和数据库服务器等）的热冗余，保证系统的高可用性。

（9）个人信息保护

确保仅采集和保存业务必需的用户个人信息，通过部署上网行为管理等设备或配置应用安全项，对对用户信息的访问和使用进行限制，禁止未授权访问及非法使用用户个人信息。

2. 安全区域边界设计

（1）区域边界包过滤

为了防范新型漏洞，访问控制策略细粒度要求应实现对应用协议和应用内容的访问控制，一般可通过部署下一代防火墙或其他相关安全组件，实现基于应用协议和应用内容的访问控制。通过增加对应用层协议的访问控制及深层检测，可以有效防止攻击者在应用层发起的攻击行为及内部敏感信息的泄露。在实际操作中可将区域边界处防火墙设备更换为下一代防火墙，同时基于访问关系表（包括源地址、目的地址、源端口、目的端口和协议等）开启访问控制功能。

（2）区域边界安全审计

通过部署网络审计系统，对网络边界、重要网络节点进行安全审计，审计覆盖到每个用户，审计记录应包括事件的日期和时间、用户、事件类型、事件是否成功及其他与审计相关的信息。对审计记录进行保护，定期备份，避免其受到未预期的删除、修改或覆盖等，审计记录的留存时间为 60 天以上且不中断。对远程访问、访问互联网的用户行为可以通过上网行为管理系统、VPN 等设备单独进行行为审计和数据分析。

在运维管理区部署日志审计系统，对网络中的各类日志进行收集。在核心交换区域部署安全探针，对数据流量进行收集。在运维管理区部署网络安全态势感知系统，对流量及下一代防火墙收集的安全事件进行集中分析。

（3）区域边界恶意代码防范

部署下一代防火墙并开启恶意代码检测功能，对关键网络节点处的恶意代码进行查杀，并与网络安全态势感知系统联动，实现对未知攻击的分析和阻断。部署防垃圾邮件系统，在关键网络节点处对垃圾邮件进行检测和阻拦，维护垃圾邮件防护机制的更新和升级。

（4）区域边界完整性保护

区域边界完整性保护是构建网络边界安全的重要一环，主要包括对非授权设备非法连接内部网络的行为、内部用户非法连接外网的行为和无线网络的使用行为进行检查，保证网络访问控制体系的完整性和有效性。在互联网接入区部署全网行为管理系统，对接入网络的设备实现安全准入，同时将其接入安全态势感知设备进行统一管理。

3. 安全通信网络设计

（1）将网络区域重新规划

对网络架构进行合理规划是网络安全的前提和基础，根据各部门的工作职能、重要性和所涉及信息的重要程度等，划分不同的网段或 VLAN，在业务终端与业务服务器之间建立安全路径，存放重要业务系统及数据的网段不能直接与外部系统连接，需要单独划分区域并和其他网段隔离。划分独立的运维管理区，并为其划分 IP 地址，对全网各类安全设备和安全组件进行统一管控。

（2）替换网络中的老旧设备

将各个区域出口的传统防火墙替换为下一代防火墙（增强级）。

（3）在网络中部署安全设备

在服务器区部署数据库审计设备，在互联网接入区部署全网行为管理设备、安全探针，在运维管理区部署网络安全态势感知系统、运维管理系统。

4．安全管理中心设计

（1）部署网络防病毒系统

对全网范围内的终端和服务器系统实施集中的恶意代码防护管理，可以下发病毒查杀策略，并进行统一的病毒查杀和特征库升级。

（2）部署内网安全管理系统

对全网用户终端的接入和外联进行统一管理。

（3）部署配置核查系统

对网络内的设备进行安全风险评估和扫描，并协助安全配置的集中采集、风险分析和处理。

（4）部署堡垒机

通过部署堡垒机实现安全的信息传输路径，对网络中的设备和系统软件进行统一维护操作及审计，加强对系统安全及运维控制力的审计，便于进行事后的审查与取证。

（5）部署日志审计系统

通过安全审计员对分布在系统各个组成部分的安全审计机制进行集中管理，部署日志审计系统，对网络中的安全事件日志和安全审计日志进行集中分析和审计，提供各类审计记录存储、管理和查询功能，对审计记录进行分析，并根据分析结果进行处理。

（6）部署网络安全态势感知平台

部署网络安全态势感知平台，通过收集各安全区域内安全探针的流量，对网络中发生的各类安全事件进行识别、报警和分析，全面整合网内各类安全数据，利用数据挖掘与关联分析引擎，对网络安全状况进行动态实时分析，进而实现动态监测、综合防护和整体防范。

7.2.5　安全效果评价

1．合规性评价

对某省烟草专卖局烟草专卖业务系统的合规性进行评价，其安全方案设计内容满足

《网络安全法》的相关要求，并且符合网络安全等级保护"一个中心，三重防护"的安全设计技术要求，其部署的安全产品和采用的技术措施能够满足《设计要求》第三级安全设计技术要求。

2. 安全性评价

某省烟草专卖局烟草专卖业务系统设计方案能够满足"策略—防御—检测—响应"的安全建设思路，提供了如下功能。

安全体系建设：紧紧围绕国家的网络信息安全战略，初步形成基于全局、全网的网络信息安全防护体系。

安全区域划分：通过部署下一代防火墙实现数据中心、互联网边界的清晰划分；使用下一代防火墙的融合安全解决方案，通过一台设备即可使客户轻松满足《设计要求》有关安全区域边界与安全通信网络的各种要求。

安全能力简单交付：下一代防火墙具备完善的 2 ~ 7 层安全风险检测和防护能力，而且能将艰涩难懂的日志简单化，将其通过各种智能的报表、设备界面进行简单呈现，使客户不再是"一头雾水"，而是能快速、准确地定位网络问题并进行解决。

实时监测业务风险和威胁：对绕过边界防御进入内网的攻击进行监测，弥补静态防御的不足；能够第一时间发现已发生的安全事件，并对内部发生的安全事件进行持续监测；对内部用户、业务资产的异常行为进行持续监测，发现潜在风险进而降低可能的损失；将全网的风险进行可视化的呈现，以实现有效的安全处置。

7.3 知识产权智能分析系统等级保护三级设计案例

7.3.1 背景介绍

近几年，随着地区经济的高速发展，政府事务管理工作的管理范围和管理对象也相应扩展和增加，管理工作变得十分繁重。尤其是在新增的业务管理工作方面，如对政府机关单位固定资产的管理，以及对房屋出租、分配的管理等。同时，国家对资产管理越来越重视，信息化建设从原来的财务管理信息化逐渐转为国有资产管理信息化。

在信息技术高速发展的同时，网络安全形势却不容乐观。例如，在政府部委领域，政府部委的业务种类众多，信息化系统往往涉及数百个系统、云平台、数据库、政务内/外网支撑环境，呈现出网络结构复杂、使用人员多样化、系统结构多样化、计算环境多样化、数据存储类型多样化的特点。这对如何发现安全威胁、如何评估安全风险、如何保护网络安全都提出了重要而具有挑战性的要求。

2017 年 6 月 1 日颁发的《网络安全法》中明确规定了法律层面的网络安全。"没有网络安全，就没有国家安全"，《网络安全法》第二十一条明确规定："国家实行网络安全等级保护制度。"各网络运营者应当按照要求，开展网络安全等级保护的定级备案、等级测评、安全建设、安全检查等工作。

在某行业管理局所在领域，行业逐步进入大数据时代。该行业集中了大量有价值的数据信息，容易受到各种内、外部风险的影响导致信息泄露，对公民、社会，甚至国家安全造成影响。因此，某行业管理局信息安全保护亟待加强，以减少信息泄露等安全事件的发生。其应按照《设计要求》第三级安全设计技术要求开展安全防护，使其符合国家法律法规的要求。

7.3.2　需求分析

安全风险是资产、威胁和系统脆弱性三个因素共同作用导致的，对于某行业管理局的安全需求分析需要充分考虑业务目标、资产价值、安全需求、安全事件、残余风险等与这些基本要素相关的属性。

针对某行业管理局的安全需求分析主要从安全通信网络、安全区域边界、安全计算环境和安全管理中心几个层面展开。

通信网络包括联网区和数据内网区的通信网络，其安全需求主要包括网络结构安全、网络安全审计、网络设备防护及通信完整性与保密性等。

某行业管理局的网络区域边界包括互联网接入边界及与其他专网的接入边界等。区域边界的安全需求主要包括边界访问控制、边界完整性检测、边界入侵防范及边界安全审计等方面。

计算环境包括服务器、存储设备、网络设备、安全设备、设备操作系统、系统软件、中间件、数据库、应用系统及数据等。计算环境的安全需求主要指主机及应用层面的安全需求，包括身份鉴别、访问控制、系统审计、入侵防范、恶意代码防范、软件容错、数据完整性与保密性、备份与恢复、资源合理控制、剩余信息保护、抗抵赖等。

安全管理中心可实现技术层面的系统管理、审计管理和安全管理，同时可实现整网的集中管控，对各类安全日志实行统一的分析；对安全策略进行精细化下发及对安全机制进行统一管理。

根据评估结果，某行业管理局的信息系统如要达到《设计要求》中关于安全计算环境的要求，还需要改进以下几点。

边界访问控制：需要优化网络结构，根据业务情况合理划分安全域、合理划分网段和VLAN；对于重要的信息系统的网络设施采取冗余措施；需要通过在边界部署下一代防火墙实现边界访问控制，在各个重点安全域部署下一代防火墙实现各安全域的重点隔离防护。

数据库审计：业务区和数据内网区都缺少针对数据的审计设备，不能很好地满足主机安全审计的要求，需要部署专业的数据库审计设备。

运维堡垒机：运维管理区和安全管理区都未实现安全管理员对网络设备及服务器管理时的双因素认证，计划通过部署堡垒机来实现。

主机审计：互联网运维区和业务区主机自身的安全策略配置不符合要求，计划通过专业安全服务来实现服务器的整改、加固。

主机病毒防护：业务区缺少主机防病毒的相关安全策略，需要配置主机防病毒系统。

备份与恢复：没有完善的数据备份与恢复方案，需要制定相关策略。同时，没有实现对关键网络设备的冗余配置，计划通过部署双链路确保设备冗余。

另外，还需要对用户名/口令的复杂度、访问控制策略，以及操作系统、Web应用和数据库存在的各种安全漏洞，以及对主机登录条件限制、超时锁定设置、用户可用资源阈值设置等资源控制策略的合理性和存在的问题进行一一排查解决。

7.3.3　安全架构设计

在某行业管理局的网络拓扑中，将网络划分为互联网区和数据内网区，安全防护措施分布在这两个区域。其中，每个区域又进一步细分为运维区（互联网运维区和数据内网运维区）、接入区（互联网接入区和数据内网接入区）、核心交换区（互联网接入区和数据内网接入区）、业务区（互联网接入区和数据内网接入区），以及安全管理区（互联网接入区和数据内网接入区）。某行业管理局网络安全架构设计图如图7-3所示。

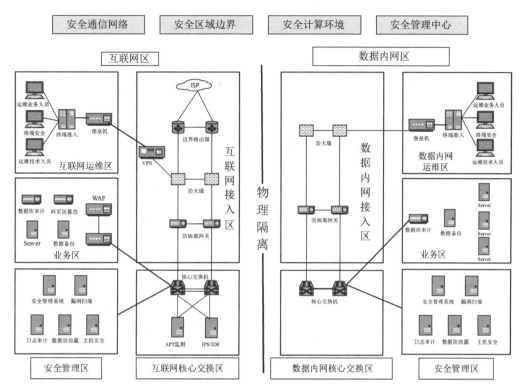

图 7-3　某行业管理局网络安全架构设计图

在进行安全体系方案设计时，将根据网络安全等级保护的相关要求，通过分析系统的实际安全需求，结合其业务信息的实际特性，并参照相关政策标准，设计安全保障体系方案，综合提升信息系统的安全保障能力和防护水平，确保信息系统的安全、稳定运行。

在防护思路中，根据建设目标要求，以数据安全治理体系为支撑，面向数据采集、传输、存储、处理、交换、销毁全生命周期，以基础安全设施为基础，以安全管理为抓手，从安全通信网络、安全区域边界、安全计算环境、安全管理中心四个维度构建纵深防御能力，实现高效安全应用和管理，构建安全、可信、可管的立体纵深防御体系。

7.3.4　详细安全设计

1. 安全通信网络设计

根据网络安全等级保护安全通信网络要求，在进行网络安全架构设计时应充分考虑网络设备和关键链路的冗余部署，以及合理规划网络带宽，可通过部署防火墙来划分不同的网络安全区域，通过入侵检测/防御、防火墙、行为管理等安全产品实现通信网络的安全防护。在互联网区，通过部署安全接入网关来实现远程用户的安全访问，从用户接入身份的安全性、终端设备的合法性、访问业务系统的权限合法性、业务数据传输的安全性等多个层面保障用户跨互联网远程接入的安全，并保证通信过程中数据的完整性和保密性。

依托硬件防火墙组件的入侵防护功能，实现对边界流量的入侵威胁检测，并通过将访问控制策略与入侵检测规则关联，实现网络层面上针对平台业务区的自动入侵防御和分析，提高系统的整体安全性。

入侵防御模块内置统计智能学习算法，对新建连接数、并发连接数、流量等数据进行智能学习，监控对象包括源 IP 地址、目的 IP 地址，地址对象支持主机地址、子网地址、范围地址等，能够对新型威胁做出判断和预警，并在其发生破坏之前进行阻断或控制。异常行为分析技术可以很好地弥补"传统设备"的缺陷，对阻断和防范新型威胁发挥有效的作用。

网络防病毒与主机防病毒软件不同，主要通过分析由外部进入网络的数据包，对其中的恶意代码进行查杀，使得病毒在感染主机前，攻击数据包就被过滤掉，从而防止病毒在网络内部传播。

防火墙系统内置的防病毒模块可以从流量上对 SMTP、POP3、IMAP、HTTP 和 FTP 等应用协议进行病毒扫描与过滤，并同恶意代码特征库进行匹配，对可匹配的木马病毒、蠕虫病毒及移动代码进行过滤、清除或隔离，并将其拦截在数据中心的处理区域之外。

通过设计、部署 Web 应用防火墙，提高 Web 应用的安全防护能力，避免 Web 应用遭受攻击。针对 Web 服务器进行 HTTP/HTTPS 流量分析，防止以 Web 应用程序漏洞为目标的攻击，并对 Web 应用访问各方面进行优化，以提高 Web 或网络协议应用的可用性、性能和安全性，确保 Web 业务应用能够快速、安全、可靠地交付。

在数据内网区，当数据需要和外界交互时，可以采用便携式和移动式设备进行数据交换，从而保证数据在传输和存储时的安全性要求。

基于可信根对通信设备的系统引导程序、系统程序、重要配置参数和通信应用程序等进行可信验证，并在应用程序的关键执行环节进行动态可信验证，在检测到其可信性受到破坏后进行报警，并将验证结果形成审计记录送至安全管理中心。

2. 安全区域边界设计

网络安全建设的核心内容是对网络进行全方位的安全防护，这并不意味着要对整个系统进行同一等级的保护，而是要针对系统内部的不同业务区域进行不同等级的保护。因此，安全域划分是进行信息安全等级保护的首要步骤，通过合理地划分网络安全域，并针对各自的特点采取不同的技术及管理手段，构建一整套有针对性的安防体系。选择手段的主要依据是网络安全等级保护的相关要求。

采用下一代防火墙硬件设备实现数据中心内部网络和互联网接入区的逻辑隔离，以帮助防护网络边界面临的外部攻击。在区域边界，只允许被授权的服务和协议传输，未经授权的数据包将被自动丢弃，依据最小化访问控制权限原则实现非授权访问限制和边界以外流量的访问控制。

安全域是具有相同或相似安全要求和策略的 IT 要素的集合，是同一系统内根据信息的性质、使用主体、安全目标和策略等元素的不同来划分的逻辑子网或网络。每一个逻辑区域都有相同的安全保护需求，具有相同的安全访问控制和边界控制策略，区域间具有相互信任关系，而且相同的网络安全域共享同样的安全策略。

通过部署硬件抗 DDoS 产品实现对来自互联网的 DDoS 攻击的防护，产品采用高效防护算法，用于抵抗各类拒绝服务类的网络攻击，如异常报文攻击、扫描攻击和异常流量攻击等。

对于某行业管理局与其他政府机关单位网络之间的通信，以及由于政务办公需要进行远程接入政府网络的用户，应对其身份的合法性进行统一认证，通过部署 VPN 系统为远程访问用户提供安全连接，并建立双向的身份验证机制。

为实现区域边界防护，设计方案中充分考虑了跨越边界的访问和数据流通过防火墙提供的受控接口进行通信，部署准入控制系统对非授权设备私自连接内部网络的行为进行限制或检查，部署违规外联系统对内部用户非授权连接外部网络的行为进行限制或检查，同时确保无线网络通过受控的边界防护设备接入内部网络；通过配置防火墙对源地址、目的地址、源端口、目的端口和协议等进行检查，以允许/拒绝数据包进出，同时根据会话状态信息为进出数据流提供明确的允许/拒绝访问的能力，控制粒度为端口级；在关键网络节点处部署入侵防范系统、漏洞扫描系统等，防范从内部或外部发起的网络攻击行为；在关键网络节点处部署防病毒网关，对恶意代码进行检测和清除，并维护恶意代码防护机制的升级和更新；部署网络安全态势感知系统、上网行为管理系统，在网络边界、重要网络节点进行安全审计，并对审计结果进行集中分析和可视化展示。

3. 安全计算环境设计

在身份鉴别设计方面，堡垒机为操作人员提供了统一的运维入口，解决了分散登录的问题，建立健全了运维操作审计机制，满足了行业监管要求。堡垒机支持本地认证方式，同时支持手机 App 动态口令、短信口令等双因素认证方式。

安全服务管理平台通过日志监控、文件分析、特征扫描等手段，为服务器提供漏洞管理、基线检查、入侵检测、资产管理等安全防护措施。整个安全系统分为客户端和服务器端，客户端配合服务器，监测针对主机系统层和应用层的攻击行为、漏洞信息、基线配置，实时防护服务器主机安全。

根据恶意代码防范的通用设计技术要求，在设计方案中应考虑部署防病毒系统和白名单机制，实现免受恶意代码攻击的技术措施或可信验证机制，并对系统程序、应用程序和重要配置文件/参数进行可信执行验证，当检测到其完整性受到破坏时采取恢复措施。

部署数据加密、数据脱敏、数据防泄露系统保证重要数据在存储过程中的完整性，包括但不限于鉴别数据、重要业务数据和重要个人信息等，同时提供数据本地备份与恢复及数据异地实时备份功能。

对安全设备如防火墙、Web 应用防火墙、数据库审计系统、网络审计系统等产生的安全日志进行收集，再结合操作系统日志、中间件日志等，对这些日志进行综合关联分析，从多个维度对目标的运行状态、主机情况进行分析，得出一段时间内目标系统及相关设备的安全运行状态。

通过漏洞扫描系统，实现各业务系统或主机脆弱性的统一管理。漏洞扫描主要包括系统漏洞扫描、Web 漏洞扫描和数据库漏洞扫描，其中 Web 漏洞扫描主要针对 Web 服务器的漏洞进行扫描，系统漏洞扫描和数据库漏洞扫描主要针对内部服务器区的重要应用和数据库进行安全检查与风险评估。

针对内部运维管理机制存在的风险，如管理员权限没有约束机制，以及内部人员越权看数据、偷数据、毁数据等，设计方案在核心交换层面，以硬件设备或平台组件的形式，提供运维安全管控系统。通过引入基于 4A 认证机制的运维安全建设体系，做到从内部控制、规范运维流程，划分来自平台运维人员、第三方厂商运维人员的访问管理权限，提高对运维人员的行为审计力度与精细程度，对于重要数据和服务需要进行双人共管、二次授权，避免由于部分设备认证方式弱、安全审计不足引起的运维安全风险。

4. 安全管理中心设计

建立安全管理中心，形成具备基本功能的安全监控信息汇总枢纽和信息安全事件协调处理中心，提高对网络和重要业务系统信息安全事件的预警、响应及安全管理能力。具体来说应该实现以下功能。

（1）流量数据采集

流量数据采集是指采集网络内所有网络设备（交换机、路由器等）、安全设备（防火墙、入侵检测、安全审计设备等）和重要业务系统（操作系统、数据库、中间件等）的安全事件信息的功能。流量采集技术是获取网络流量的重要手段，通过在核心交换机上部署流量检测设备，做到对网络流量的采集。

（2）数据处理

数据预处理是指对不确定数据进行数据清理和数据转换，对非数值型数据进行数值转换，以及对空间数据集的范围进行归一化操作的功能。利用数据预处理技术可以实现两个目标：一是依据模型的检测攻击类型目标，筛选和确定空间样本点的特征属性范围；二是对选择的属性空间进行归一化操作，为后续聚类分析提供可靠和高效的数据。为了满足安全威胁分析和预警场景分析对数据质量的要求，安全管理中心一般要对采集到的数据进行清洗/过滤、标准化、关联补齐、添加标签等操作，并将标准数据加载到数据存储中。

（3）数据存储

数据存储可以按照组织结构、业务用途、时效性要求等标准进行分类。按照数据存储的组织结构，可以分为结构化数据存储、半结构化数据存储和非结构化数据存储；按照数据存储的业务用途，可以分为采集得来的原始数据、经过处理得到的中间数据、经过分析得到的结果数据、知识库数据、情报库数据和态势感知系统自身的（管理）数据；按照数据存储的时效性要求可以分为实时存储数据、备份存档数据。

数据储存还可分成海量存储和热点存储两类。基于 HDFS 开发的海量存储用于所有的非结构化数据库、原始库（如流量日志）和备份库，以 CarbonData 为基础，可以通过 Spark 和 Hive 进行读写操作；基于 Elasticsearch（简称 ES，是一个基于 Lucene 的搜索服务器）开发的热点存储可存储所有符合标准或经过加工处理，面对业务使用的数据，包括主题库、关系库、基础库和资源库等，通过原生 RESTful API 或 ES SQL 进行读写操作。

（4）数据分析

数据分析系统提供业务安全和网络安全分析引擎，从海量数据中挖掘和量化安全风险事件，以及系统安全特征和指标。数据分析主要利用分布式数据库或分布式计算集群对存储于其内的海量数据进行普通的分析和分类汇总，以满足大多数常见的分析需求。一些实时性需求会用到 Spark Streaming 和 Spark，以及基于 MySQL 的列式存储 Infobright 等；而对于一些批处理或基于半结构化数据的需求，可以使用 Hadoop 或 Spark。

对汇集的安全事件信息进行综合的关联分析，可以从海量的信息中挖掘、发现可能的安全事件并且提前预警。在很多安全应用场景中，数据的价值随着时间的流逝而降低。实时数据分析系统能够对正在发生的事件进行实时分析，及时发现最可疑的安全威胁。

UEBA 技术基于海量的数据对用户进行分析、建模和学习，从而构建出用户在不同场景中的正常状态并形成基线。UEBA 技术实时监测用户当前的行为，通过已经构建的规则模型、统计模型、机器学习模型和无监督的聚类分析，及时发现用户、系统和设备存在的可疑行为，从而解决在海量日志里快速定位安全事件的难题。

（5）网络安全态势感知

通过采集全网各类安全对象的属性、运行状态、日志告警、安全事件、评估与检测数据及第三方威胁情报数据，利用大数据治理及分析技术进行萃取、转化、加载，分别从安全管理、安全防护技术、安全运维等维度建立对应的数据主题库。同时，建立网络安全态势综合评价模型，分别从安全管理、安全技术、安全运维等维度对全网的安全态势进行综合评估，以打分的形式向管理者直观地展现当前的整体安全态势，使其全面掌控当前的安全状况和所有的区域威胁度，实现整体攻击威胁态势的清晰、可预警，并可准确、快速地进行研判和响应。

网络安全态势感知能够统一对安全事件、安全策略、安全风险和信息安全支撑系统进行管理，实现安全运维流程的自动化管理，满足安全管理中心对安全事件及时响应处置的需求，并能将整体安全态势进行多维度、多视角的展示，实现系统运行和安全监测的全景化及在线化。

5. 信息系统互联安全设计

通过在互联网业务区与公共服务业务区之间设置隔离交换区，并部署隔离交换设备，保障互联网业务区与核心业务区之间的有效隔离和安全互联。

需要加强专有网络边界安全，通过部署安全隔离与信息交换系统，在保证不同网络之间安全隔离的前提下进行信息交换。安全隔离与信息交换系统利用网络隔离技术实现了高安全级别的访问控制，同时可在确保阻断标准协议的情况下提供 HTTP、SMTP、POP3、FTP、Oracle、Free FileSync 等应用级检测通道，在屏蔽会话层以下网络威胁的前提下对不同等级网络之间交互数据时进行严格的访问控制和日志审计。

7.3.5　安全效果评价

1. 合规性评价

根据网络安全等级保护"一个中心，三重防护"体系设计原则，本方案从安全通信网络、安全区域边界、安全计算环境和安全管理中心四个方面对某行业管理局进行了全面的安全需求分析及安全防护措施的改造、加固，使某行业管理局的安全防护技术由点到面，构建起整体网络信息系统的综合安全防御体系，满足《设计要求》第三级安全设计技术要求。

2. 安全性评价

对知识产权智能分析系统通用安全保护环境设计方案中的相关技术措施、产品及安全服务进行安全性评价，如下所述。

身份鉴别方面：知识产权智能分析系统具备身份鉴别模块，鉴别口令长度、复杂度、失败登录次数及锁定策略均进行了相应的安全配置，同时部署了运维审计系统，实现了运维账号权限集中管理。运维审计系统本身采用双因素认证，满足网络安全等级保护对身份鉴别提出的要求。

访问控制方面：知识产权智能分析系统各边界均部署了防火墙设备，防火墙访问控制策略粒度精确到端口级，各服务器、数据库及应用系统均配置了访问权限策略，满足网络安全等级保护对访问控制提出的要求。

安全审计方面：知识产权智能分析系统通过部署网络安全态势感知系统，对各类安全日志进行集中管控和集中审计，满足网络安全等级保护对安全审计提出的要求。

入侵防御方面：知识产权智能分析系统部署了网络入侵检测系统，采用了服务器应用最小权限分配措施，同时部署了漏洞扫描系统，能够定期或在系统变更后对相应的网络资产进行漏洞扫描，及时发现可能存在的安全漏洞并进行修复，满足网络安全等级保护对入侵防御提出的要求。

恶意代码防范和垃圾邮件方面：知识产权智能分析系统网络侧部署了防火墙；服务器侧部署了专业的企业版防病毒软件，用于对网络恶意代码的安全防范，并部署了防垃圾邮件网关产品，满足网络安全等级保护对恶意代码防范和防垃圾邮件提出的要求。

7.4　金融机构网上交易系统等级保护三级设计案例

7.4.1　背景介绍

随着金融业务系统功能的进一步整合，各类数据相对集中，攻击者为了获取经济利益、窃取敏感信息或破坏企业形象，可能采用 Web 应用攻击、拒绝服务攻击、暴力破解攻击、恶意上传木马病毒等方式对系统实施攻击破坏，给网络运营者及系统用户带来严重的经济损失。金融业务基本都需要将信息科技战略作为支撑，因而科技风险监管尤为重要。

《证券期货业信息安全保障管理办法》（证监会令〔第 82 号〕）规定："核心机构和经营机构应当具有防范木马病毒等恶意代码的能力，防止恶意代码对信息系统造成破坏，防止信息泄露或者被篡改。"现实中对信息系统安全、数据治理提出了进一步的要求。例如，未建设灾备系统，当主交易系统发生故障时无法为客户提供金融交易服务，可能给客户造成经济损失；部分区域之间既未采取有效的访问控制及隔离措施，也未针对恶意代码和攻击行为采取防范措施，针对一些恶意攻击或用户的异常操作行为不能进行有效防护，无法保障金融交易安全。

依据我国金融行业标准《网上银行系统信息安全通用规范》（JR/T 0068—2020），网上银行是指商业银行等银行金融机构通过互联网、移动通信网络、其他开放性公共网络或专用网络基础设施向其他客户提供的网上金融服务。网上银行系统是将传统的银行业务同互联网等资源和技术进行融合，将传统的柜台通过互联网、移动通信网络、其他开放性公众网络或专用网络向客户进行延伸，以及商业银行等银行业金融机构在网络经济的环境下，开拓新业务、方便客户操作、改善服务质量、推动生产关系等变革的重要举措，提高了商业银行等银行业金融机构的社会效益和经济效益。网上银行系统主要通过 PC、手机、平板电脑、智能电视、可穿戴设备等终端进行访问，包括手机银行、微信银行、直销银行、银企直联、小微企业银行等系统。网上银行系统涵盖个人网银系统和企业网银系统。金融行业对抗的外部威胁主要是黑产、数据泄露、网络层攻击这几个方面。

7.4.2　需求分析

1. 行业合规性要求

以某金融机构网上交易系统为例，可通过互联网向客户提供金融交易服务，包括资金管理、客户信息查询、投资交易等业务。该系统整体采用四层架构：应用前端、通信服务器、应用服务器和数据库。应用前端发送请求到通信服务器，通信服务器负责信息的传递和分发，应用服务器负责处理所有业务，数据库存储各类业务数据和交易记录。该系统安全设计应符合《网络安全法》，满足《设计要求》第三级安全设计要求，同时满足《证券基金经营机构信息技术管理办法》（证监会令〔第 152 号〕）的监管要求。

2. 应用安全防护需求

目前该系统网络边界仅部署了防火墙设备，帮助 Web 系统阻挡了一部分来自网络层的攻击，实现了网络层访问控制功能。但是，该系统缺少针对 Web 应用层攻击的防护手段，因为基于 Web 应用层的攻击行为类似一次正常的 Web 访问，其攻击流量与正常业务访问流量交织混合，防火墙无法进行识别和阻止。因此，该系统亟须采取针对网站系统的整体安全防护措施，弥补防火墙安全功能的不足。

根据行业合规性要求及 Web 系统面临的风险，结合公司 Web 系统安全防护现状，网站安全亟须解决两方面的问题：网络安全和 Web 应用安全。网络安全涉及网络边界的恶意代码防范及网络入侵防范。应用安全涉及应用层攻击防范、网页防篡改、数据防泄露，以及安全漏洞加固。

7.4.3　安全架构设计

某网上银行系统依托互联网面向客户提供金融交易服务，该系统提供投资交易、客户资金管理、客户信息查询、金融资讯信息、账号管理等与金融产品发行和销售有关的业务功能。客户可通过 PC 端、手机端应用程序安全、便捷地接入该系统并使用其各项功能。

该系统整体采用四层架构：应用前端、通信中间件、应用服务器和数据库。应用前端发送请求到通信中间件，通信中间件负责信息的传递和分发，应用服务器负责处理所有后端业务，数据库存储客户信息、交易信息等各类业务数据。该系统安全架构如图 7-4 所示。

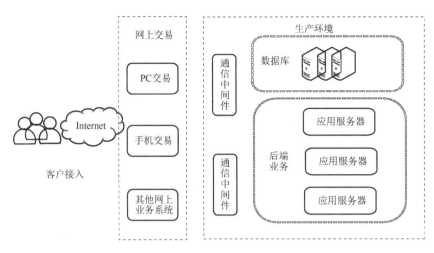

图 7-4　某网上银行系统安全架构

网上银行系统客户端主要包括客户端程序和客户端环境。客户端环境是指客户端程序所在的硬件终端（目前主要包括 PC、手机、平板电脑、智能电视、可穿戴设备等终端，将来可能包括其他形式的终端）及该终端上的操作系统、浏览器和其他程序所组成的整体运行环境。客户端环境通常不具备或不完全具备专用金融交易设备的可信输入能力、可信输出能力、可信通信能力、可信存储能力和可信计算能力，因此，需要使用专用安全机制，并通过接受、减轻、规避及转移策略来应对交易风险。金融机构应从软硬件合法性验证、程序完整性保护、数据访问控制、数据输入安全、数据传输安全、数据存储安全及可信执行环境等方面保证客户端的安全性。

网上银行系统借助互联网、移动通信网络等技术向客户提供金融服务，易受到通信层面的安全威胁，金融机构应从通信协议、安全认证、通信链路安全等层面采取有效措施来应对相关风险。

网上银行系统服务器端提供网上银行应用服务和核心业务处理功能，金融机构应充分利用物理环境、通信网络、计算环境等领域的防护技术，在攻击者和受保护的资源间建立多道严密的安全防线。

网上银行系统除直接向用户提供金融服务外，也可能与外部机构开展业务合作。在网上银行系统设计、开发、部署和运营过程中，应充分考虑外部机构的系统可能存在的安全风险，并针对各类风险进行有效防护。

7.4.4　详细安全设计

　　网上银行系统根据应用系统、客户对象、数据敏感程度等划分安全域。安全域是指同一系统内根据信息的性质、使用主体、安全目标和策略等元素的不同来划分的不同逻辑子网或网络，每一个逻辑区域有相同的安全保护需求，具有相同的安全访问控制和边界控制策略，区域间具有相互信任关系，而且相同的网络安全域共享同样的安全策略。当然，安全域的划分不能单纯从安全角度考虑，而是应该以业务角度为主，辅以安全角度，并充分参照现有网络结构和管理现状，才能以较小的代价完成安全域划分和网络梳理，且能保障其安全性。对信息系统进行安全保护，不是对整个系统进行同一等级的保护，而是针对系统内部的不同业务区域进行不同等级的保护。金融机构采取专用安全机制，包括数字证书、动态口令、短信验证码、生物特征等，保障网上银行系统的安全。金融机构按照其在交易中具备的可信通信能力、可信输入能力、可信输出能力、可信存储能力和可信计算能力五种能力的组合对安全机制进行分类管理，并制定与之适应的交易安全风险防范策略。网上银行系统在应用云计算技术前，应结合其业务重要性、数据敏感性及发生安全事件的危害程度等，在确保系统业务连续性、数据和资金安全的前提下，秉持安全优先、对用户负责的原则，充分评估应用云计算技术的科学性、安全性和可靠性，以及可能存在的风险隐患，谨慎地选用与其相适应的金融领域云计算部署模式。

　　网上银行系统应满足网络安全等级保护通用要求中的有关安全设计技术要求。网上银行系统采用云计算技术的，应满足云计算安全扩展要求中的有关安全设计技术要求；采用移动互联相关技术的，应满足移动互联安全扩展要求中的有关安全设计技术要求。

　　金融机构应充分考虑、深入分析交易全流程的安全隐患，通过交易确认、交易提醒、限额设定等控制机制，有效防范交易风险；应为客户提供银行卡交易安全锁服务，并落实《中国人民银行办公厅关于强化银行卡磁条交易安全管理的通知》（银办发〔2017〕120 号）等文件的相关要求。

　　在资金类交易中，网上银行系统应具有防范客户端数据被篡改的机制，应由客户确认资金类交易关键数据（至少包含转入账号和交易金额），并采取有效确认方式保证交易信息不被篡改。例如，使用挑战应答型动态口令令牌产生交易密码；发送包含确认信息的短信验证码；利用智能密码钥匙完成确认等。在资金类交易中，客户端对交易数据的签名数据除流水号、交易金额、转入账号、交易日期和时间等要素外，还应包含由服务器生成的随机数据。对于从客户端提交的交易数据，服务器应验证签名的有效性并安全存储签名。

金融机构应采取有效措施鉴别客户身份，保证支付敏感信息和交易数据的机密性、完整性，并设置与安全防护能力相适应的交易限额以控制交易风险。在提交交易请求时，应上送终端相关信息。例如，计算机终端可提交设备 CPU ID、硬盘序列号、浏览器指纹等；移动终端设备可提交 IMEI、IMSI、MEID、ESN 等。后台服务器应对编号信息和登记信息进行一致性验证。例如，对于交易数据签名，签名数据应包含此类信息，在客户确认交易信息后，再次提交交易信息（如收款方、交易金额）时，应检查客户确认的信息与最终提交交易信息之间的一致性，防止在客户确认后交易信息被非法篡改或替换。在资金类交易中，应对客户端提交的交易信息间的隶属关系进行严格校验，如验证提交的账号和卡号间的隶属关系及账号、卡号与登录用户之间的关系；应在账户资金汇总页面明确显示包含所有子账户资金、在途资金等在内的全部资金状况。

金融机构可根据自身情况界定高风险业务及其风险控制规则，对于资金类交易等触发风险控制规则的情况，应使用其他身份认证方式进一步确认客户身份。对于资金类等高风险业务，金融机构应在确保客户联系方式有效的前提下，充分提示客户相关的安全风险并提供及时通知客户资金变化的服务，及时告知客户其资金变化情况。金融机构应对交易过程进行风险识别与干预，防范潜在的非法交易、欺诈交易。

对于大数据分析认定的高风险交易，金融机构应进行附加交易验证，进一步校验交易发起者的真实身份；应采取适当的安全措施确保客户对所做重要信息及业务变更类交易的抗抵赖，包括但不限于采用数字证书、电子签名等技术手段；应根据业务类别、开通渠道及身份验证方式的不同设置不同的交易限额，同时允许客户在银行设定的限额下自主设定交易限额；条码支付业务应按照《条码支付安全技术规范（试行）》等文件要求，根据不同的风险防范能力设置相应的交易限额。

金融机构应根据自身业务的特点，建立完善的网上银行异常交易监控体系，识别并及时处理异常交易，交易监测范围至少包括客户签约、登录、查询、资金类交易，以及与交易相关的行为特征、客户终端信息，应保证监控信息的安全性。金融机构应制定网上银行异常交易监测和处理的流程及制度；应建立基于高风险交易特点和用户行为特征等的风险评估模型，并根据风险等级实施差异化风险防控；应通过交易行为分析、机器学习等技术不断优化风险评估模型，结合生物探针、相关客户行为分析等手段，建立并完善反欺诈规则，实时分析交易数据，根据风险高低产生报警信息，实现欺诈行为的侦测、识别、预警和记录，提高欺诈交易拦截成功率，切实提升交易安全防护能力。

金融机构应建立风险交易监控系统，对具备频次异常、账户非法、批量交易、用户习惯偏离、用户特征偏离、非法更正交易、报文重复、金额异常、扫库或撞库等特征的请求，以及外部欺诈、身份冒用、套现、洗钱等异常情况进行有效监控；对于风险较大、可疑程度较高的交易，应采取精准识别、实时拦截等措施，对于监测到的可疑或异常交易建立报告、复核、查结机制；应开展人工分析，识别攻击源头、分析影响并及时采取拦截措施，防止集中性风险事件发生；应对存在异常交易的终端和商户，采取调查核实、风险提示、延迟结算、拒绝服务等风险防控措施；应根据审慎性原则，对于交易要素不完整、超过额度的转账支付和关注类账户的资金流动（如疑似违规资金变动）等交易进行人工审核，针对疑似发生支付敏感信息泄露的客户，应通过灰名单、登录之后强制修改密码、附加验证等措施保证客户账户的资金安全；应建立异常交易识别规则和风险处置机制，对监控到的风险交易进行及时分析、处置并妥善留存违规行为线索和证据。风险交易监控系统应能够不断更新反欺诈规则，建立和完善风险信息库，及时从主管部门、公安机关、银行卡清算组织等处获取黑名单等风险信息。

安全计算环境：针对网络中的各类网络设备、安全设备、服务器、数据库、中间件、应用系统等进行安全加固。对于自身未提供相关功能实现的，通过部署如堡垒机、数据库审计系统、防病毒系统等设备实现。

安全区域边界：各区域边界处补充访问控制措施，增加部署入侵防范、Web 应用防护等功能，同时开启设备的日志审计功能并集中收集日志。

安全通信网络：对现有网络架构进行重新梳理，对区域进行重新划分。补充抗 DDoS 攻击系统，对恶意流量进行清洗和过滤，保障正常的业务运行。

安全管理中心：对设备日志及业务访问日志进行集中管理和审计，发现网络中的异常事件。

金融机构网上交易系统网络拓扑如图 7-5 所示。

安全网络划分为互联网接入区、Web 服务区、异地灾备中心、运维管理区、内网核心区和开发测试区六个部分，具体描述如下。

（1）互联网接入区

通过部署防火墙、抗 DDoS 设备实现安全的互联网接入和网络边界防护。在系统互联的边界部署防火墙，实现互联时的边界隔离。边界防火墙既可集成入侵防御和网络防病毒模块，也可部署独立的入侵防御系统，实现网络边界入侵防御及恶意代码防御。

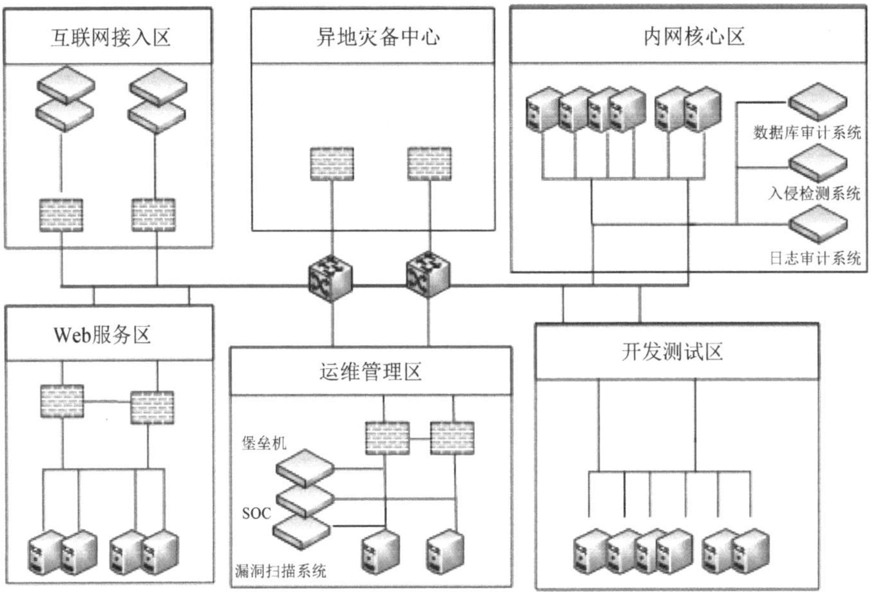

图 7-5　金融机构网上交易系统网络拓扑

（2）Web 服务区

在该区域内部署前端业务应用和安全防护设备，面向客户提供金融交易和信息查询等服务。部署 Web 应用防火墙，针对 Web 访问行为进行过滤和日志记录，阻断针对 Web 系统的各类攻击行为，实现 Web 应用安全防护。

（3）异地灾备中心

该区域承载了灾备业务系统，实现了异地灾备中心与主机房的互联互通，满足了业务连续性需要，同时部署防火墙实现了区域之间的访问控制隔离。

（4）运维管理区

在运维管理区部署网络运维监控系统和安全运维管理系统，实现对各系统的统一运行监控和运行维护；部署堡垒机，实现对 IT 资源的统一运维管理，包括身份认证、授权访问、实时监控、安全审计等功能；部署漏洞扫描系统，发现主机安全风险和隐患，及时修复各类安全漏洞；部署安全管理中心，实现对各类安全、网络、主机、应用等日志的集中收集和关联分析，并对违规行为和各类安全事件进行告警。基于收集的网络漏洞、配置等脆弱性信息，结合安全事件对全网态势进行感知。

（5）内网核心区

在该区域部署通信服务器、应用服务器、应用数据库等，实现金融业务系统的正常运行，各个区域通过隔离防火墙限制其访问内网核心区。采用旁路模式部署数据库审计系统、入侵检测系统和日志审计系统，对数据库异常操作、重要业务访问行为进行日志记录和审计。主机层面部署主机防病毒软件，提升恶意代码防范能力。

（6）开发测试区

部署金融业务相关的开发和测试环境，并与内网核心区域实现严格的隔离防护。

1. 安全通信网络设计

网络是承载业务应用的基础，当网络出现性能下降或不可用的情况时，业务应用必然受到影响，因此，对网络性能的管理是保证业务应用稳健运行的一个重要技术环节。本方案采用高可用网络架构设计，保障业务系统高效、可靠的网络传输性能。

2. 安全区域边界设计

（1）边界防护和访问控制

数据中心内部网络与互联网之间、数据中心内部各区域之间均通过防火墙实现区域之间的逻辑隔离，并进行细粒度的区域边界访问控制。防火墙具备状态检测和数据包过滤能力，可以控制各区域之间的入流量和出流量，实现安全的访问控制功能。

（2）区域边界入侵及恶意代码防范

在互联网接入区边界部署抗 DDoS 攻击系统，具备一定的海量 DDoS 攻击防护能力，检测和阻断机制对 DDoS 攻击实时响应，最大化降低 DDoS 攻击对服务的影响，保障业务系统的运行稳定性。

通过部署入侵防御系统，对网络恶意代码、网络资源滥用等情况进行检测和阻断，与防火墙一同构建相对完善的边界防御体系。

在 Web 服务区边界部署 Web 应用防火墙，内置多种防护策略，支持防护 OWASP 常见威胁，包括 SQL 注入、XSS 跨站、Webshell 上传、后门隔离保护、命令注入、非法 HTTP

协议请求、常见 Web 服务器漏洞攻击、核心文件非授权访问、路径穿越等，确保 Web 应用安全运行。

（3）边界安全审计

区域边界网络设备、安全设备等启用日志功能，收集网络设备、安全设备等的登录日志、操作日志和重要系统日志，并外发至安全管理中心，保留至少 6 个月的访问日志记录，为安全事件回溯分析和定位提供依据。

3. 安全计算环境设计

（1）认证和授权

应用层面，根据实际业务应用系统的要求，实现用户身份鉴别机制并将其与其他身份鉴别方式进行整合，保证信息传输的保密性、数据交换的完整性、发送信息的不可否认性。

同时，部署堡垒机，实现对 IT 资源的统一运维管理，提供身份认证、授权访问、实时监控、安全审计等功能。

（2）入侵及恶意代码防范

主机防病毒系统包括服务端安全管理软件和客户端软件，防病毒管理中心部署在运维管理区，客户端软件部署在信息系统内所有管理终端和服务器上，提供恶意代码检测与清除功能。

在内网核心区部署入侵检测系统，检测发现内部网络中的攻击行为，并对异常事件进行实时告警，以便进一步处置；部署漏洞扫描系统，检测主机、网络设备等的安全漏洞，及时发现和修复各类高危漏洞，避免由此引发的各类安全风险事件。

（3）安全日志审计

在内网核心区部署数据库审计系统，对数据库的访问和操作行为进行审计和记录，针对数据的违规操作和恶意行为进行实时监控、告警。可将数据库审计日志汇总至安全管理中心进行关联分析。

4. 安全管理中心设计

传统的安全管理方式是将分散在各地、不同种类的安全防护系统分别管理，这样会导致安全信息分散、互不相通，以及安全策略难以保持一致，这是许多安全隐患形成的根源。

安全管理中心是针对传统管理方式的一种重大变革，它将不同位置、不同安全系统中分散且海量的安全事件进行汇总、过滤、收集和关联分析，得出全局角度的安全风险事件，并形成统一的安全决策对安全事件进行响应和处理。

7.4.5　安全效果评价

1. 合规性评价

根据网络安全等级保护"一个中心，三重防护"体系设计原则，从安全通信网络、安全区域边界、安全计算环境和安全管理中心四个方面对某金融机构网上交易系统安全设计方案进行安全分析，满足《设计要求》第三级安全设计技术要求。

2. 安全性评价

该设计方案可以实现该金融交易系统的整体安全防护，并带来以下两方面的效益。

（1）收敛系统安全风险

通过整体安全建设，可实现业务系统的逻辑隔离，防止来自网络层面、系统层面、应用层面及数据层面的安全威胁在各区域内扩散，从攻击源头防备各类网络、系统、应用、数据层面的安全威胁，并对事前、事中、事后的各类安全问题进行一站式解决，有效保障客户的金融资产和交易安全。

（2）降低系统的维护成本

通过安全防护措施建设，能够将检测到的各类风险以图形化报表形式实时分类展示出来，如入侵风险、实时漏洞风险、数据风险等，并给出每一类安全风险的详细信息说明，既便于运行维护人员和安全人员及时了解系统的安全运行状况，又能够为管理层提供安全决策支撑，大大降低了系统维护成本。

7.5　电力电厂防护系统等级保护三级设计案例

7.5.1　背景介绍

为了加强发电厂二次系统安全防护，确保电力监控系统及电力调度数据网络的安全，依据原国家电力监管委员会印发的《电力二次系统安全防护规定》《电力二次系统安全防护总体方案》《发电厂二次系统安全防护方案》，以及原国家经济贸易委员会印发的《电网和电厂计算机监控系统及调度数据网络安全防护规定》等文件的精神制定本方案。

发电厂二次系统的防护目标是抵御黑客、病毒、恶意码等通过各种形式对发电厂二次系统发起的恶意破坏和攻击，防止发电厂二次系统瘫痪和失控，以及由此导致的发电厂一次系统事故。

发电厂安全防护的重要措施是强化发电厂二次系统的边界防护。为确保发电厂监控系统及电力调度数据网的安全、抵御对发电厂二次系统的各种攻击和破坏、保障电力系统的安全、稳定运行，发电厂根据自动化监控的需求，对新建电厂进行二次系统安全防护总体设计，同步规划、同步建设，依照《网络安全法》《基本要求》《设计要求》，依托云计算、大数据、人工智能等新技术，确保信息融合共享，运维、安全保障到位，管理、工作科学高效。方案按照《设计要求》第三级安全设计技术要求进行设计，保障整体网络的安全、稳定运行。

7.5.2　需求分析

发电厂二次系统安全防护措施的实施，是生产控制系统安全稳定运行和电网安全运行的可靠保证，能够实现实时数据信息的可靠保存，有效抵御外部黑客的入侵，保证二次系统网络安全运行。根据安全需求分析工作的流程，对某电厂二次系统的安全需求分析如下。

1. 当前风险驱动的安全需求

（1）分区域安全设计

系统安全区域划分为控制区、非控制区、生产管理区和信息管理区。随着互联网和新技术的发展，对拒绝服务攻击和未知威胁攻击无法防范，因此，亟须按照等级保护需求进行区域安全整体规划，将所有区域纳入安全防护范围。另外，目前的电力电厂防护系统无法满足网络安全等级保护中的安全区域边界保护的需求，需要按照网络安全等级保护的要求进行规划整改。

（2）分散控制系统

作为电厂重要的系统，目前分散控制系统中的安全防护设备不足以起到很好的防护作用。从整体网络看，只部署了防病毒和入侵检测设备，只能对已知的攻击进行检测，而无法对一些未知的攻击进行检测和阻断。分散控制系统作为电力系统的重要系统，需要部署更专业的防护设备，其中包括未知威胁检测、流量分析、审计等安全设备。

（3）互联网边界

互联网边界作为整个网络最重要的出入口，目前只部署了防火墙设备，不能有效地防备来自外网的攻击行为。随着互联网新技术、新应用的发展，来自外部的风险也越来越大，为了能够有效地防备来自外部的攻击，需要加强互联网边界的防护。

（4）省调、地调边界

省调[①]、地调[②]接入电力二次系统的控制区及非控制安全区中的通用安全产品必须是国产产品且经过了国家有关安全部门的认证，专用安全产品必须是国产产品且经过了有关电力主管部门的认证。

（5）运行管理

要做好人员管理、权限管理、访问控制管理、设备及子系统的维护管理、恶意代码（木马病毒等）的防护管理、审计管理、数据及系统的备份管理、用户口令的管理等。

2. 等级保护合规差异驱动的安全需求

依据原国家电力监管委员会第 5 号令和 34 号文件的有关规定进行安全分区，根据不同安全区域的安全防护要求，确定其安全等级和防护水平。根据相关文件要求并结合自身情况，将互联网出口区、控制区、非控制区、生产管理区、信息管理区这五个系统确认为网络安全等级保护对象，网络安全保护等级拟定为三级。《网络安全法》和网络安全等级保护标准中均对各类日志的审计和保存时间提出了要求，要求对各类日志进行关联分析，并对所有的操作进行审计及保存，提高电厂整体的网络安全防护能力。

7.5.3　安全架构设计

国家电网按照"安全分区、网络专用、横向隔离、纵向认证"的安全防护总体策略全面建立了电力安全防护体系架构，覆盖了五级电网调度机构、各类变电站和电厂。电厂电

---

① 省调：一般也叫中调，指省电力公司调度。
② 地调：指地级市或县电力公司调度。

力监控安全架构设计如图 7-6 所示。

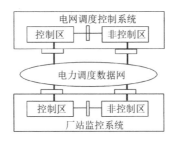

图 7-6   电厂电力监控安全架构

应进一步完善安全防护体系，补齐短板。注重小变电站、小电厂、县调、配调等。提高自身安全免疫能力，加强内网安全监控和内部安全管理。继续强化纵横边界、内外边界。

7.5.4   详细安全设计

以某电厂安全防护系统为例，按照《设计要求》第三级安全设计技术要求进行设计，使整体网络安全、稳定地运行。

安全设计主要分为如下几部分。

安全计算环境：针对网络中的各类网络设备、安全设备、服务器、数据库、中间件、应用系统等进行安全加固。对于自身未提供相关功能实现的，通过如运维管理系统、业务审计、网络审计、数据库审计等设备实现。

安全区域边界：调整区域边界处的安全设备，开启现有设备及新部署设备的访问控制、入侵防范、抗拒绝服务攻击等功能，同时开启设备的日志审计功能并进行日志信息集中收集。

安全通信网络：对现有网络架构进行重新梳理，对区域进行重新划分。将原有的互联网区域防火墙设备替换为链路负载均衡设备，使其能够适应高带宽下的需要。

安全管理中心：采取技术手段对系统管理员、安全管理员和审计管理员的操作进行集中管理及审计。通过安全管理中心对网络设备、安全设备、通信线路等基础设施环境进行统一监测、分析；集中分发安全策略；集中进行恶意代码特征库、漏洞补丁升级等安全管理；针对服务器内存、CPU 等系统资源的行为，需要对应用软件进行实时的监控管理。

某电厂安全防护部署图如图 7-7 所示。

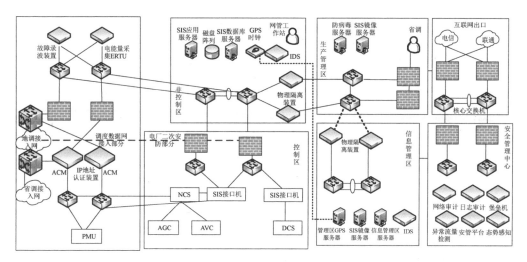

图 7-7　某电厂安全防护部署图

安全区域分为互联网出口区、控制区、非控制区、生产管理区、信息管理区。从网络拓扑图来看，在每个区域部署防火墙进行隔离，在关键区域部署物理隔离设备。原有部署的传统防火墙设备，经过检查发现其控制策略配置比较宽泛、安全防护功能较弱。同时，网络中未采取任何措施对服务器和数据库的各类操作进行审计，未部署任何上网行为管控类设备，无法对运维人员的操作行为进行记录和管控。

1. 安全计算环境设计

（1）主机安全

加强系统的 SIS 应用服务器和数据库服务器的安全。加强对主机漏洞及异常事件日志的管理，并对服务器主机进行安全加固，使服务器主机避免遭到恶意程序或黑客的入侵和破坏。

（2）数据安全

地调和省调的数据共享及交互只采用物理隔离设备进行，由于电厂数据交互频度高、场景复杂、使用终端规模大，安全规范和技术手段混乱不清，数据安全工作压力巨大。当发生数据安全事件时，无法有效追溯。

（3）数据访问行为审计

部署数据库审计产品，提升对数据库访问情况的审计监控能力，及时发现针对数据库的异常访问，降低关键业务数据遭到篡改或泄露的风险。

（4）恶意代码防范

电厂二次系统中已部署了防病毒服务器和入侵检测设备，能够对网络中已知的风险进行检测，但还需要部署抗 APT 攻击设备，以加强对未知风险的检测，避免未知威胁的攻击。

2. 安全区域边界设计

（1）区域边界安全防护

在调度数据网接入区域、电厂二次安防区域和互联网边界部署下一代防火墙，能够提高内部网络的安全性，并通过过滤掉不安全的服务来降低风险。在调度数据网接入区域、电厂二次安防区域、互联网区域、生产区域和控制区域部署双机设备，避免发生单点故障，从而有效保证网络的可用性。

（2）区域边界访问控制

网络中所有的访问都经过防火墙，防火墙进行日志记录，同时提供网络使用情况的统计数据。当发生可疑动作时，防火墙能进行报警。

（3）边界恶意代码防护

网络区域边界的恶意代码防范工作是在关键网络节点处部署网络防病毒网关、防垃圾邮件网关，对恶意代码和垃圾邮件进行及时检测和清除。在下一代防火墙中启用防病毒模块、防垃圾邮件模块，并保持网络病毒库和垃圾邮件库的升级、更新。

（4）区域边界完整性保护

在核心交换域部署全网行为管理系统，对接入网络的设备实现安全准入，同时将其接入网络安全态势感知设备，利用其进行统一管理。

（5）区域边界安全审计

区域边界安全审计需要对区域网络边界、重要网络节点的用户行为和重要安全事件进行安全审计，并统一上传到安全审计管理中心。审计记录产生时的时间应由系统范围内唯一的时钟确定（如部署 NTP 服务器），以确保审计分析的正确性。

3. 安全通信网络设计

（1）通信网络安全传输

通信安全传输要求能够满足业务处理数据安全保密和完整性需求，避免因传输通道被窃听、篡改而引起的数据泄露或传输异常等问题。通过采用 VPN 技术形成加密传输通道，能够实现对敏感信息传输过程中的信道加密，确保信息在通信过程中不被监听、劫持、篡改及破译，保证通信传输中关键数据的完整性、可用性。

（2）远程安全接入防护

针对有远程安全运维需求或远程安全访问需求的终端接入用户，应采用 VPN 安全接入技术来满足远程访问或远程运维的安全通信要求，保证敏感、关键的数据和鉴别信息不被非法窃听、暴露、篡改或损坏。

（3）通信网络安全审计

通信网络安全审计需要安全设备启用、设置安全审计功能，对用户行为和重要安全事件进行安全审计，并将审计记录统一上传到安全审计管理中心。审计记录产生的时间应由系统范围内唯一确定的时钟产生（如部署 NTP 服务器），以确保审计分析的正确性。

（4）可信连接验证

通信网络设备需要具备可信连接保护功能，在设备连接网络时，对源和目标平台身份、执行程序及其关键执行环节的执行资源进行可信验证。

4. 安全管理中心设计

依据《设计要求》第三级安全设计技术要求中安全管理中心相关要求，结合安全管理中心对系统管理、安全管理和审计管理的设计技术要求进行安全管理中心设计。安全管理中心建设主要通过运维审计系统、网络管理系统、综合安全管理平台等机制实现。

通过运维审计系统能够对系统管理员、审计管理员和安全管理员进行身份鉴别并对其操作权限进行控制，以及记录相关操作审计日志；通过网络审计系统能够对网络设备、网络链路、主机系统资源及运行状态进行监测和管理，实现网络链路、服务器、路由交换设备、业务应用系统的监控与配置；通过日志审计系统能够对安全设备、网络设备、数据库、服务器、应用系统、主机等设备所产生的日志（包括运行、告警、操作、消息、状态等）

进行存储、监控、审计、分析、报警、响应和报告；通过安全管理系统对安全设备、网络设备和服务器等系统的运行状况、安全事件、安全策略进行集中监测采集、日志范式化和过滤及处理，实现对网络中各类安全事件的识别、关联分析和预警通报；通过部署异常流量检测系统从网络流量的目标地址按照异常流量的特点进行检测，从网络中的流量中检测出异常流量。异常检测以入侵活动有别于正常活动为假设，通过为正常活动建立模型，将当前主体的活动与模型进行比较，当违反其统计规律时，视该活动为入侵行为；通过部署网络安全态势感知平台全面感知网络安全威胁态势、洞悉网络及应用运行健康状态；通过全流量分析技术实现完整的网络攻击溯源取证，帮助安全人员采取针对性响应处置措施，快速发现失陷主机，提供全面安全保障。依赖外部威胁情报和本地的流量日志进行有效的分析、研判，保障事件正确响应处置，逐步完善防御架构。

7.5.5　安全效果评价

1. 合规性评价

根据网络安全等级保护"一个中心，三重防护"体系设计原则，从安全计算环境、安全区域边界、安全通信网络和安全管理中心四个方面对某电力电厂防护系统进行安全需求分析及安全防护措施的方案设计，提高其整体的网络安全防护能力，避免来自外部的威胁，保证电力电厂防护系统稳定、安全地运行，满足《设计要求》第三级安全设计技术要求。

2. 安全性评价

提高安全防护能力：能够对安全体系的各种日志（如入侵检测日志等）审计结果进行收集关联分析，以发现系统的安全漏洞及风险。定期分析本系统的安全风险、分析当前黑客非法入侵的特点，根据分析及时调整安全策略。

建立完善的安全管理制度：建立电力二次系统的门禁制度、维护管理制度、安全防护岗位职责制度、备份与恢复管理制度、安全评估安全审计管理制度、数字证书管理制度等。

提高边界防护的能力：通过下一代防火墙，提高互联网边界和关键区域的防护能力。同时，开启下一代防火墙的防病毒、入侵防护、入侵检测功能，通过一台设备轻松满足网络安全等级保护在安全区域边界与安全通信网络方面的安全防护要求。

加强运行管理能力：加强人员管理、权限管理、访问控制管理、设备及子系统的维护管理、恶意代码（木马病毒等）的防护管理、审计管理、数据及系统的备份管理，以及用户口令的管理等。

7.6　审计数据分析系统等级保护四级设计案例

7.6.1　背景介绍

"金审"工程是国家电子政务建设总体规划的"十二金"之一。"金审"工程三期是在"金审"工程总体目标和分阶段建设指导下，国家"十二五"计划中提出并规划设计的重点工程，是列入国家政务信息化工程建设规划的中央地方共建项目。

近年来，围绕国家"金审"工程总体规划及建设，各级审计机关都加快了审计信息化建设的步伐，加大了计算机技术在审计工作中的应用力度和深度。同时，我国审计信息化建设一直在探索信息化条件下审计方式和手段的创新，不断满足审计实践的需要。随着"金审"工程二期建设的完成，现场审计实施系统成为审计人员现场审计的必备工具，审计管理系统已经成为审计机关日常工作和审计管理的得力助手，联网审计在市、县审计机关得到广泛应用，数字化审计分析平台展示了强大的生命力，审计信息化建设大力提升了审计质量和管理水平。

《关于进一步加快实施审计信息化推进工程建设的意见》提出要以"金审"工程为依托，大力推进"金审"工程三期建设。"金审"工程三期以国家审计免疫系统为顶层设计模型，通过建设"一个平台、二个中心、一个实验室、一个支撑系统"，即着重建设审计综合作业平台、数字化审计指挥中心、审计大数据中心、审计模拟仿真实验室及综合服务支撑系统，提升审计指挥决策、审计质量管理、数据汇聚与共享、数据综合分析等能力，适应国家治理的发展变革而不断赋予审计工作的新内涵、新目标、新任务、新重点、新方式，从而提升国家审计在保障经济社会健康运行中发挥的免疫系统功能的能力，切实发挥国家审计推动完善国家治理的作用。

伴随着《网络安全法》的正式实施，网络安全工作已上升为国家战略，网络安全建设亦成为"金审"工程三期建设的关键。国内外愈发恶劣的网络环境、新型网络攻击的快速变化，对"金审"工程三期项目建设提出了全新的挑战，因此网络安全系统的建设在"金审"工程三期建设过程中显得尤为重要。

7.6.2　需求分析

根据安全需求分析工作的流程，审计机关"金审"工程三期安全建设需求主要分为如下两部分。

1.　安全合规差距驱动的安全需求

审计大数据中心包括审计数据分析网和审计专网两个部分，均属于非涉密网络，不得存储、处理和传输涉及国家秘密的信息。其中，审计数据分析网提供审计大数据中心等级保护第四级区域内的系统、应用和相关软、硬件支撑，存储、处理全量数据；审计专网提供审计大数据中心等级保护第三级区域内的系统、应用和相关软、硬件支撑，存储、处理部分数据（部分数据是指由审计机关确定的、可以在审计专网存储及处理的数据，是全量数据的子集）。两个网络的数据可通过双向隔离设备在符合国家标准要求的基础上实现交换。

审计数据分析网和审计专网是开展特定审计事项数据分析所用的网络，我国要继续完善和推广"金审"工程一期和二期各项建设成果，全面实施"金审"工程三期建设任务，以"金审"工程为依托，大力推进"金审"工程三期建设。

2.　安全风险驱动的安全需求

基于系统风险分析在资产识别、脆弱性识别及安全需求调研分析整理数据的结果，并根据某省审计厅审计数据分析系统自身的特点及此次风险评估工作的要求，通过本次风险评估结果可以看出，身份假冒、漏洞利用、社会工程、数据受损、窃取数据、管理不到位等威胁对系统造成的风险较大。操作系统本身、安全设备、数据库服务器、应用服务器等的脆弱性对系统造成的风险较大。

7.6.3　安全架构设计

1.　总体框架设计

审计机关以深入贯彻落实《网络安全法》及等级保护相关要求、保障审计机关网络及数据安全为战略规划目标，以建立全方位、立体的网络安全综合防御体系为总体安全策略，制定审计机关执行《网络安全法》的具体流程及办法。通过对物理环境、通信网络、区域边界、计算环境的安全防护，以及广泛采用安全可控产品实现对网络基础设施、国家审计大数据中心等安全防护，构建安全技术体系；通过建立健全安全策略和管理制度，建立安全管理机构并配备相应人员，建立健全安全建设管理制度、安全运维管理制度和风险管理机制，构建安全管理体系；通过建立健全日常运维管理机制、监测预警和信息通报制度及应急处置机制，构建安全运维体系。建立安全管理与运维管理一体化的资源与安全管理中心及网络安全态势感知平台，最终实现全方位、立体的网络安全综合防御体系。审计机关信息安全总体框架如图 7-8 所示。

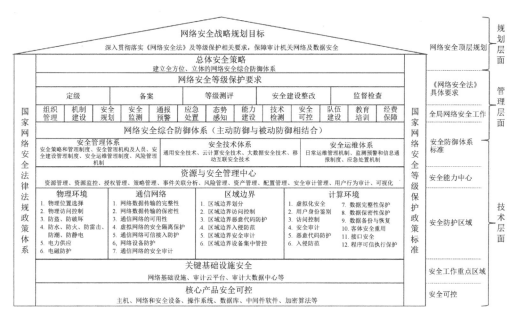

图 7-8　审计机关信息安全总体框架

2. 安全区域划分

（1）审计数据分析网安全区域划分

审计机关审计数据分析网安全区域划分示意图如图 7-9 所示。

根据承担功能、用途及部署设备的不同，将省级审计机关审计数据分析网划分为核心交换区、网络接入区、交换中心区、基础设施区、网络安全管理区、数据存储区、应用处理区、用户区和云资源管理区等若干安全区域；将市/县级审计机关审计数据分析网划分为网络接入区和用户区。

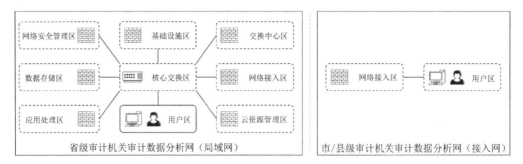

图 7-9　审计机关审计数据分析网安全区域划分示意图

（2）审计专网安全区域划分

审计机关审计专网安全区域划分示意图如图 7-10 所示。

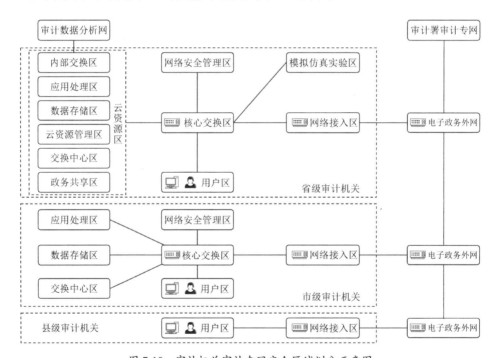

图 7-10　审计机关审计专网安全区域划分示意图

根据承担功能、用途及部署设备的不同，将省级审计机关审计专网划分为核心交换区、网络接入区、模拟仿真实验区（省级审计机关选建）、网络安全管理区、内部交换区、应用处理区、数据存储区、云资源管理区、交换中心区、政务共享区和用户区等安全区域；将市级审计机关审计专网划分为核心交换区、网络接入区、数据存储区、网络安全管理区、应用处理区、交换中心区和用户区等安全区域；将县级审计机关审计专网划分为网络接入区和用户区。

3. 安全互联设计

审计大数据中心数据通过采集管理、数据管理及数据服务等子系统实现对海量异构数据的采集、存储、管理和利用。其中，数据管理子系统部署在审计数据分析网上，采集管理子系统和数据服务子系统在审计数据分析网和审计专网均有部署。审计数据分析网要求按照《设计要求》第四级安全设计技术开展安全防护，初始建设阶段暂时不能完全满足要求的省级审计机关可暂定为网络安全等级保护第三级，待具备条件后升为第四级。但暂定为网络安全等级保护第三级的省级审计机关，其数据分析网的安全防护也应参照《设计要求》第四级安全设计技术进行设计与建设，必须与其他非涉密网络逻辑隔离。

为满足审计机关审计专网和数据分析网之间数据采集子系统数据交换的业务需要，以及《设计要求》第四级安全设计技术要求中访问控制的相关要求，审计专网和数据分析网之间按照图 7-11 进行安全互联设计。

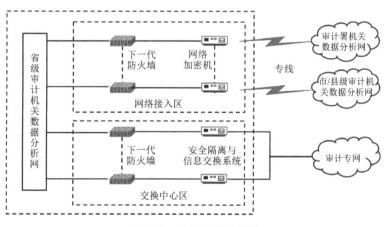

图 7-11　安全互联设计图

在数据分析网与审计专网的网络边界部署安全隔离与信息交换系统，实现数据分析网与审计专网之间的逻辑隔离，并实现两个网络之间的安全数据交互，满足审计业务应用数据汇集、共享与安全高效隔离的防护需求，以及网络安全等级保护通信协议转换或通信协议隔离的数据交换要求。

7.6.4　详细安全设计

由于审计机关审计数据分析网按照《设计要求》第四级安全设计技术要求进行安全防护，以下安全方案设计的部分重点是对审计机关审计数据分析网的设计情况的说明，审计机关专网可参照审计数据分析网进行安全方案设计。

1. 省级审计机关安全方案设计

省级审计机关审计数据分析网局域网网络拓扑图如图 7-12 所示。

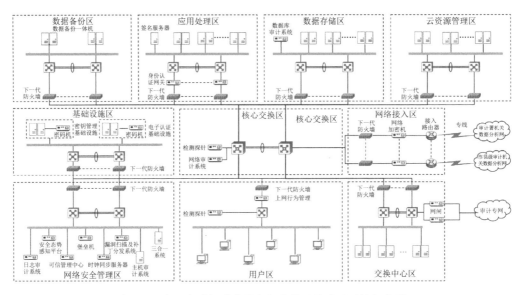

图 7-12　省级审计机关审计数据分析网局域网网络拓扑图

省级审计机关审计数据分析网局域网架构设计为星型结构，以两台高性能核心路由交换机作为局域网的核心，承担路由转发任务，设置若干安全区域用于部署路由交换设备、计算设备、存储设备和用户终端。此外，为实现对设备的安全可靠管理，采用带外管理的模式。

根据省级审计机关审计数据分析网局域网安全区域的划分情况，对安全产品和技术措施的部署设计进行分区域说明，并对安全加固和可信计算技术应用等内容进行说明。

（1）核心交换区

在核心交换区与各安全区域的边界部署防火墙，原则上，每个区域边界以 HA 的方式部署两道防火墙（可以是以虚拟化技术实现的虚拟防火墙），具体采用主备或双活方式，需要视业内产品的主流规格和采购的设备对网络设备虚拟化技术、跨设备链路聚合的支持情况而定。

区域内部署检测探针，对流经核心交换机的网络访问流量进行检查和分析，对发现的网络入侵和攻击行为进行告警。

区域内部署网络审计系统，对流经核心交换机的网络访问流量进行审计记录。

（2）网络接入区

区域内部署网络加密机，用于在省级审计机关与市级、县级审计机关之间建立以省级审计机关为中心的、星型的、加密的审计数据分析网传输网络，以及在省级审计机关与审计署机关、其他省级审计机关之间建立以审计署机关为中心的、星型的、加密的审计数据分析网传输网络。

区域内部署病毒过滤网关，对与其他省级审计机关、审计署机关交换中心间的信息交换流量进行审查和分析，对发现的病毒及恶意代码进行清除。

区域内部署防火墙，在省级审计机关局域网与市级、县级审计机关，以及与审计署机关、其他省级审计机关之间实施网络层访问控制策略。

（3）交换中心区

在交换中心区与审计专网的边界部署双向网闸，用于保证审计数据分析网与审计专网之间信息交换的安全、可信。

区域内主机安装防病毒系统、主机审计系统的客户端软件。

（4）应用处理区

区域内主机安装防病毒系统、主机审计系统的客户端软件。

（5）数据存储区

区域内部署数据库审计系统，对关系型数据库和分布式数据库的访问和操作行为进行审计，记录日志。

区域内主机安装防病毒系统、主机审计系统的客户端软件。

（6）网络安全管理区

区域内部署防病毒系统的管理端（下一代防火墙），区域内主机部署防病毒系统客户端，对省内各级审计机关审计数据分析网全网范围内的物理服务器、虚拟服务器和用户终端实施全面的病毒和恶意代码防护。

区域内部署主机审计系统的管理端，区域内主机部署主机审计系统客户端，对省内各级审计机关审计数据分析网全网范围内的物理服务器、虚拟服务器和用户终端的操作行为进行审计。

区域内部署终端准入控制系统（三合一系统），对用户终端的接入进行管理。

区域内部署漏洞扫描及补丁分发系统，对网络内的设备进行安全风险评估和扫描，对发现的漏洞及时安装补丁程序。

区域内部署堡垒机，用于对网络中的设备和系统软件的维护操作进行审计。

区域内部署统一认证及权限管理系统和 RA、LDAP、CA 认证网关（可信管理中心），用于实现审计数据分析网基于 CA 数字证书的身份鉴别和权限管理。

区域内部署统一日志分析系统（日志审计系统），对网络中的日志进行集中分析和审计。

区域内部署网络管理系统（三合一系统），对网络设备和网络拓扑进行展示和管理。

区域内部署时钟同步服务器，确保全网时钟的一致性。

区域内部署资源与安全管理中心（安全态势感知平台），对接各种硬件和软件系统的管理和审计功能，为管理员提供统一的管理入口。

（7）云资源管理区

根据云资源管理平台基础架构服务器对防病毒产品的支持情况，安装防病毒系统的客户端软件。

（8）用户区

使用屏蔽机房或屏蔽机柜，采用光纤到桌面的布线方式，实现网络设备和线路的电磁屏蔽。用户终端部署防病毒系统、主机审计系统、终端准入控制系统的客户端软件，安装安全登录和文件保护系统。为审计大数据中心的用户配备写入 CA 数字证书的 USB Key。

（9）网络设备安全加固

配置 NTP；创建本地系统管理员账号和本地操作审计员账号；设置用户账号的口令加密存储，以及用户账户锁定策略、用户账号的登录超时时间；配置基于 Windows AD 或 LDAP 的用户登录认证方案，用于对远程登录用户的身份进行鉴别；配置 ACL，只允许通过堡垒机进行管理；配置网络设备仅允许通过 SSH 进行管理；配置 Syslog 和 SNMP，将日志和操作记录传输至资源与安全管理中心；关闭交换机未使用的端口；对工作在 VLAN Trunk 模式的接口，设置仅允许已知的特定 VLAN 通过；对终端接入交换机，配置 IP 地址-MAC 地址-VLAN-端口绑定。

（10）安全设备安全加固

配置 NTP；创建本地系统管理员、安全管理员和安全审计员账号；设置用户账号的口令加密存储；配置用户账户密码策略、账户锁定策略、登录超时时间；对远程登录的 IP 地址进行限制，只允许通过堡垒机进行管理；配置安全设备，仅允许通过 SSH 和 HTTPS 进行管理；配置 Syslog 和 SNMP，将日志和操作记录传输至资源与安全管理中心。防火墙的安全策略细粒度到端口级。

（11）操作系统安全加固

配置 NTP；创建本地系统管理员账号和本地操作审计员账号；设置用户账号的口令加密存储；配置用户账户密码策略、账户锁定策略、登录超时时间；配置基于 Windows AD 或 LDAP 的用户登录认证方案，用于对远程登录用户的身份进行鉴别；对远程登录的 IP 地址进行限制，只允许通过堡垒机进行管理；开启操作系统的审计功能，配置 Syslog 和 SNMP，将日志和操作记录传输至资源与安全管理中心；关闭多余的服务端口，卸载多余的服务和应用程序；配置操作系统防火墙策略，设置访问控制规则。

（12）应用系统安全加固

进行应用系统开发时，需要开发基于 CA 数字证书的身份鉴别和权限控制功能、安全审计功能及安全通信组件等。

（13）可信计算技术应用

在审计数据分析网中，对大数据平台的安全防护是重中之重。通过构建基于可信计算的大数据纵深防御体系，实现攻击者进不去、非授权者重要信息拿不到、窃取重要信息看不懂、系统和信息改不了、攻击行为赖不掉的安全防护目标。

传输网络可信：对于接入审计数据分析网的网络设备和安全设备，未使用的端口一律明确设置为禁用状态；对于工作在 VLAN Trunk 模式下的接口，设置仅允许已知的、设计内的特定 VLAN 通过；对于在审计数据分析网传输的重要数据，应通过基于国产密码算法的加密技术进行加密及验证，确保数据在传输过程中无法被破解及篡改。

接入设备可信：对于接入审计数据分析网大数据分析处理平台的计算节点和计算机终端，应在主板配插 PCI 可信控制卡或外接 USB 可信控制设备，通过集成基于国产密码算法的数字证书构建可信主机。

运行部件可信：对于在审计数据分析网运行的可执行部件，应确保其可信性，禁止任何未经允许的可执行部件运行，禁止任何可能被篡改过的可执行部件运行。

数据可信：对于审计数据分析网中的数据，无论其存储在数据库管理系统还是直接存储在存储介质上，都应确保其已经进行了基于国产密码算法的加密处理；对于数据本身，还应根据其自身的敏感程度进行分级标记，不同敏感级别的数据存放在不同的存储介质上；对于非结构化数据，应采用国产密码算法技术确保其不被非法篡改。

2. 市/县级审计机关安全方案设计

市/县级审计机关审计数据分析网局域网网络拓扑图如图 7-13 所示。

图 7-13   市/县级审计机关审计数据分析网局域网网络拓扑图

根据市/县级审计机关审计数据分析网安全区域的划分情况，部署相应的安全产品和技术措施，并对网络设备、安全设备和操作系统实施安全加固。市/县级审计机关安全方案设计与省级审计机关安全方案设计相同。

7.6.5　安全效果评价

1. 合规性评价

根据网络安全等级保护"一个中心，三重防护"体系设计原则，从安全计算环境、安全区域边界、安全通信网络和安全管理中心四个方面对审计机关数据分析网进行了全面的安全防护设计，建立了以安全计算环境为基础、以安全区域边界和安全通信网络为保障、以安全管理中心为核心的网络安全综合保障体系，满足《设计要求》第四级安全设计技术要求设计技术。

2. 安全性评价

满足《网络安全法》及网络安全等级保护相关要求，通过整体的方案设计，在帮助用户加强网络防御体系的同时，提供持续检测和快速响应能力。

基于全方位、立体的网络安全综合防护体系策略，构建"预测、防御、检测、响应"闭环。本设计方案基于人工智能、大数据、终端检测响应等前沿安全技术，能够帮助用户实现对未知攻击、潜伏威胁检测与防御。另外，还帮助用户完成了从"被动防御+应急响应"向"积极防御+持续响应"的切换，建立完整的"预测、防御、检测、响应"闭环。

通过安全可视能力，减轻运维压力。本设计方案从可视的深度、广度两个层面，对全网资产、资产脆弱性、潜伏威胁等进行直观的可视化展示，从业务的视角，实现安全风险的可视、可控、可管。在全网安全可视的基础上，用户可以极大地降低运维的复杂度，提升安全治理水平。

缩 略 语

缩略语	英文名称	中文名称
ACL	Access Control List	访问控制列表
ACM	Advanced Current Mode	高级电流模式
AGC	Automatic Generation Control	自动发电控制
API	Application Programming Interface	应用程序接口
App	Application	应用程序
APT	Advanced Persistent Threat	高级持续威胁
AVC	Automatic Voltage Control	自动电压控制
BCC	Block Check Character	异或校验
BIOS	Basic Input Output System	基本输入输出系统
B/S	Browser/Server	浏览器/服务器
C&C	Command and Control	命令与控制
C/S	Client-Server	客户机/服务器
CA	Certification Authority	证书认证中心
CC	Challenge Collapsar	挑战黑洞
CDN	Content Delivery Network	内容分发网络
CMD	Cyber Mimic Defense	网络空间拟态防御
CMOS	Complementary Metal Oxide Semiconductor	互补金属氧化物半导体
CPU	Central Processing Unit	中央处理单元
CRC	Cyclic Redundancy Check	循环冗余校验
CRL	Certificate Revocation List	证书吊销列表
CSRF	Cross-site request forgery	跨站请求伪造
CVE	Common Vulnerabilities & Exposures	通用漏洞披露
CVM	Cloud Virtual Machine	云服务器
DBA	Database Administrator	数据库管理员
DCS	Distributed Control System	集散控制系统
DDoS	Distributed Denial of Service	分布式拒绝服务攻击
DMZ	Demilitarized Zone	隔离区
DNA	Deoxyribonucleic Acid	脱氧核糖核酸
DNS	Domain Name System	域名系统
DoS	Denial of Service	拒绝服务
FTP	File Transfer Protocol	文件传输协议
GLB	Global Load Balancing	全局负载均衡
GPS	Global Positioning System	全球定位系统
HA	High Available	高可用性集群

HIS	Hospital Information System	医院信息系统
HMI	Human Machine Interface	人机接口
HTML	Hypertext Markup Language	超级文本标记语言
HTTP	Hyper Text Transfer Protocol	超文本传输协议
HTTPS	Hyper Text Transfer Protocol over Secure Socket Layer	超文本传输安全协议
ID	Identity Document	身份证明标识
IDC	Internet Data Center	互联网数据中心
IDS	Intrusion Detection System	入侵检测系统
IMAP	Internet Mail Access Protocol	交互邮件访问协议
I/O	Input /Output	输入/输出
IoA	Indicators of Attack	攻击指标/攻击信标
IoC	Indicators of Compromise	失陷指标/攻陷信标
IP	Internet Protocol	网际互连协议
IPS	Intrusion Prevention System	入侵防御系统
IPSec	Internet Protocol Security	互联网安全协议
IRF	Intelligent Resilient Framework	虚拟化技术
IRP	I/O Request Package	输入/输出请求包
ISP	Internet Service Provider	互联网服务提供商
IT	Information Technology	信息技术
LAN	Local Area Network	局域网
LB	Load Balancing	负载均衡
LDAP	Lightweight Directory Access Protocol	轻型目录访问协议
LLB	Link Load Balancing	链路负载均衡
LRC	Longitudinal Redundancy Check	纵向冗余校验
LSM	Linux Security Module	Linux 安全模块
MAC	Mandatory Access Control	强制访问控制
MAC	Media Access Control	媒体存取控制
MAC	Message Authentication Code	消息认证码
MD5	Message-Digest Algorithm 5	信息摘要算法第 5 版
MES	Manufacturing Execution System	制造执行系统
NCS	Network Control System	网络控制系统
NGFW	Next Generation Firewall	下一代防火墙
NTP	Network Time Protocol	网络时间协议
OA	Office Automation	办公(室）自动化
OCSP	Online Certificate Status Protocol	在线证书状态协议
OS	Operating System	操作系统
OSI	Open System Interconnection	开放系统互联
OWASP	Open Web Application Project	开放式 Web 应用程序安全项目
PACS	*Picture* Archiving and Communication *System*	医学影像归档和通信系统
PC	Personal Computer	个人计算机
PCAP	Process Characteristics Analysis Package	过程特性分析软件包
PCI	Peripheral Component Interconnect	外设部件互连标准

PCR	Pin Control Register	管脚控制寄存器
PIN	Personal Identification Number	个人身份识别码
PLC	Programmable Logic Controller	可编程逻辑控制器
PKI	Public Key Infrastructure	公钥基础设施
PMU	Phasor Measurement Unit	同步相量测量装置
POP3	Post Office Protocol - Version 3	邮局协议版本 3
RA	Register Authority	证书注册中心
RBAC	Role-Based Access Control	基于角色的访问控制
RIS	Radiology Information System	放射信息系统
RTR	Root of Trust for Reporting	可信报告根
RTS	Root of Trust for Storage	可信存储根
SCADA	Supervisory Control And Data Acquisition	数据采集与监视控制
SCF	Switching Controller Foundation	交换控制功能单元
SFP	Small Form Pluggable	小型可插拔
SHA	Secure Hash Algorithm	安全散列算法
SIS	Safety Instrument System	安全仪表系统
SMTP	Simple Mail Transfer Protocol	简单邮件传输协议
SNMP	Simple Network Management Protocol	简单网络管理协议
SOC	Security Operation Center	安全运营中心
SQL	Structured Query Language	结构化查询语言
SSH	Secure Shell	安全外壳协议
SSL	Secure Sockets Layer	安全套接字层
SSO	Single Sign On	单点登录
TCG	Trusted Computing Group	可信计算工作组
TCM	Trusted Cryptography Module	可信密码模块
TCP	Transmission Control Protocol	传输控制协议
TCP/IP	Transmission Control Protocol/Internet Protocol	传输控制协议/网际互连协议
TLS	Transport Layer Security	安全传输层协议
TPCM	Trusted Platform Control Module	可信平台控制模块
TPS	Trusted Platform Software	可信平台软件
TSS	Trusted Software Stack	可信软件栈
UEBA	User and Entity Behavior Analytics	用户和实体行为分析
UDP	User Datagram Protocol	用户数据报协议
URL	Uniform Resource Locator	统一资源定位符
USB Key	Universal Serial Bus Key	通用串行总线密钥
UTM	Unified Threat Management	统一威胁管理
VLAN	Virtual Local Area Network	虚拟局域网
VM	Virtual Machine	虚拟机
VPDN	Virtual Private Dial Network	虚拟专有拨号网络
VPN	Virtual Private Network	虚拟专用网络
WAF	Web Application Firewall	网站应用级入侵防御系统
WWW	World Wide Web	全球广域网